聚合物基纳米复合材料

陈宇飞 著

科学出版社

北京

内 容 简 介

本书主要内容包括 EP 基纳米复合材料和 BMI 基纳米复合材料的基本概述、增强材料、成型方法、多种改性方法、性能分析及其应用。具体内容包括 SiO_2/PU-EP 复合材料、SiO_2/PES-EP 复合材料、BF/PU-EP 复合材料、TiO_2/PU-EP 复合材料、SiO_2-Al_2O_3/PU-EP 复合材料、纳米 Al_2O_3/PES-MBAE 复合材料、SCE-SiO_2/PES-MBAE 复合材料、SCE-Al_2O_3/PES/MBMI-EP 复合材料、改性 RGO-MBAE 复合材料、OTAC-MMT/PES-MBAE 复合材料、GO/SPEEK/MBAE 复合材料等十余种复合材料的制备、材料的界面理论及复合材料三大性能（力学性能、热学性能及介电性能）的分析与讨论。

本书可供聚合物基复合材料方向的学生阅读，也可供相关行业的科研开发、管理人员参考。

图书在版编目（CIP）数据

聚合物基纳米复合材料 / 陈宇飞著. —北京：科学出版社，2020.6
ISBN 978-7-03-065380-2

Ⅰ．①聚…　Ⅱ．①陈…　Ⅲ．①聚合物－纳米材料－复合材料
Ⅳ．①TB383

中国版本图书馆 CIP 数据核字（2020）第 094079 号

责任编辑：王喜军　陈　琼 / 责任校对：樊雅琼
责任印制：吴兆东 / 封面设计：壹选文化

科学出版社 出版
北京东黄城根北街16号
邮政编码：100717
http://www.sciencep.com

北京厚诚则铭印刷科技有限公司　印刷
科学出版社发行　各地新华书店经销

＊

2020 年 6 月第 一 版　开本：720×1000　1/16
2021 年 4 月第二次印刷　印张：14 3/4
字数：300 000

定价：98.00 元
（如有印装质量问题，我社负责调换）

前　言

　　材料是人类赖以生存的物质基础，是人类物质文明的标志。材料的发展会将人类的社会文明推向更高的层次。材料是现代科技的四大支柱之一，现代科技的进步对材料提出了更高的要求，从而带动了新材料向复合化、功能化、智能化、结构功能一体化和低成本化的方向发展。在这一趋势下，聚合物基纳米复合材料的作用和地位越来越重要。由于聚合物基纳米复合材料具有可设计性，它既可以成为综合性能优异的结构材料，又可以成为具有特殊功能的功能材料，还可以成为结构功能一体化的结构件材料。聚合物基纳米复合材料的可设计性给其自身的发展带来了无限的生机与活力，是复合材料的重要组成部分。

　　环氧树脂（epoxy resin，EP）是聚合物分子结构中含有两个以上环氧基团的一类热固性树脂。它是由环氧氯丙烷与双酚 A 或多元醇反应所形成的产物。环氧基团具有很强的反应活性，因此很多含有活泼氢的化合物都可与其发生开环反应，得到具有网状结构的固化物。EP 固化物具有较好的力学性能与耐热性，优良的电绝缘性、耐磨性以及化学稳定性，因此在航空航天、装备制造、电气以及电子封装等领域扮演着举足轻重的角色。

　　双马来酰亚胺树脂（bismaleimide resin，BMI）具有高耐热性、高玻璃化转变温度（210～320℃）、相对较高的使用温度、良好的机械强度（拉伸强度为 90～125MPa，模量为 3.5～4.2GPa）和介电性能。除此之外，它还具有许多树脂不常见的特征，如低吸水率、良好的耐潮湿和耐腐蚀性、对酸和碱优异的耐化学性，并且它具有特殊的链构象而在固化时收缩率较低，结构可设计性好，加工成型工艺方便简单，性能成本比极具吸引力，已经广泛用于航空航天、电气工程、微电子封装电子器件、交通运输等领域。

　　鉴于 EP 基纳米复合材料和 BMI 基纳米复合材料在复合材料学科中的重要性、应用的广泛性以及复合材料的特殊性能，作者特将两种基体树脂、增强材料、界面理论及两类聚合物基纳米复合材料的相关内容著作成书。

　　作者在本书著作过程中参考并借鉴了许多相关文献及内容，谨在此向参考文献的作者致以深深的谢意。田麒源、刘宇龙为本书做了整理工作，对他们付出的辛苦表示感谢！

　　由于作者水平有限，书稿不足之处在所难免，敬请广大读者批评指正。

作　者

2019 年 6 月

目　　录

下篇　BMI 基纳米复合材料

上篇　EP基纳米复合材料

EP是一种环氧低聚物与固化物反应形成的三维网状的热固性树脂。EP的种类和型号较多,性能各异。EP固化物的种类繁多,再加上多种促进剂、改性剂、添加剂等,其组合方式多样,能获得诸多种类性能优异的EP体系。

EP及其固化物的性能特点如下:①力学性能高;②黏结性能优异;③固化收缩率小;④工艺性好;⑤电性能好;⑥稳定性好。但是,由于纯EP固化后存在质脆和抗冲击韧性差等缺点,在受到外界的冲击应力作用时,易发生应力开裂现象,难以满足日益发展的工程技术要求,这使其应用受到一定的限制[1-3]。因此对EP的增韧研究一直是科学工作者研究的热门课题。

目前,增韧EP的方法大致有以下几种:①用刚性无机填料、橡胶弹性体、热塑性塑料和热致性液晶聚合物等第二相来增韧;②用热塑性塑料连续贯穿于EP网络中形成半互穿网络或互穿网络型聚合物来增韧;③通过改变交联网络的化学结构组成(如在交联网络中引入"柔性段")以提高交联网络的活动能力来增韧;④由控制分子交联状态的不均匀性来形成有利于塑性变形的非均匀结构实现增韧[4,5]。

第 1 章　SiO₂/PU-EP 复合材料的制备及性能研究

1.1　PU 改性 EP

聚氨酯（polyurethane，PU）是典型的热塑性树脂，具有优异的力学性能[6]，在增韧 EP 的同时还能保持材料的耐热性和模量，可以弥补橡胶增韧的不足。PU 的增韧机理与橡胶的增韧机理相似，在 EP 固化过程中，热塑性树脂与 EP 分相，形成"海岛式"结构或互穿网络结构，而且相分离的过程和相结构的控制是增韧改性的关键[7, 8]。

1.1.1　SEM 分析

扫描电子显微镜（scanning electron microscope，SEM）的成像方式类似于显像，扫描时通过细聚焦电子束在制品表面激发出各种物理信号，通过这些物理信号调制成像。因为 SEM 的景深远远大于普通的光学显微镜，所以最终所得到的图像具有立体视觉效果，因此可以通过 SEM 对样品进行观察，给分析带来了极大方便。

图 1.1 是 PU 改性 EP（记作 PU-EP）的 SEM 图。由图可以清楚看出，PU 能够均匀地分散在 EP 基体中[9]，呈现"海岛式"结构，其中 EP 是连续相（即基体，亦"海"），PU 是分散相（即增强体，亦"岛"），且增强体的尺寸小于 100nm，呈纳米级。该结构能有效地改善 EP 的韧性。

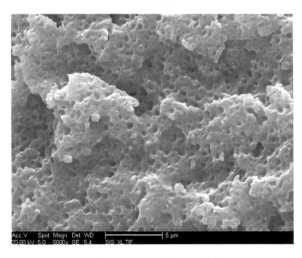

图 1.1　PU-EP 的 SEM 图

1.1.2 力学性能

PU 的用量对 EP（E51）的力学性能有很大影响，图 1.2 是 PU-EP 体系的力学性能与 PU 质量分数的关系曲线。

由图 1.2 可见，在一定范围内，随着 PU 质量分数的增加，PU-EP 体系的抗剪强度和冲击强度呈上升趋势，在 PU 质量分数为 30%时，PU-EP 体系的抗剪强度和冲击强度均达到最佳值，抗剪强度为 22.22MPa，比纯 EP 的抗剪强度（10.03MPa）提高了 121.54%，冲击强度为 17.21kJ/m^2，比纯 EP 的冲击强度（12.13kJ/m^2）提高了 41.88%。但 PU 质量分数超过 30%后，PU-EP 体系的抗剪强度和冲击强度均呈下降趋势。造成这种变化的原因在于：PU（分散相）分散在 EP（连续相）中，两种聚合物发生了物理共混和化学交联，相互穿插、缠结、环绕，构成了半互穿网络结构。互穿程度越大，PU 和 EP 互溶性越好，互穿网络的相结构尺寸就越小，产生了很好的正协同效应，提高了改性后材料的韧性。因此，当有外力作用时，两个网络的互穿能有效地使应力分散传递，同时抵抗外力的破坏；网络结构有一定的滑移性，能使两种聚合物分子链更加卷曲，因此 PU-EP 体系的力学性能得到了显著的提高；但当 PU 质量分数超过 30%后，PU-EP 体系的力学性能明显下降，这是因为 PU 质量分数在一定范围内，PU 和 EP 能形成有效的交联和缠结；在某一临界值时，交联密度达到饱和；而当 PU 过量时，不能和 EP 形成有效的交联或交联密度过大，反而起到反协同效应，因此材料的力学性能显著下降。

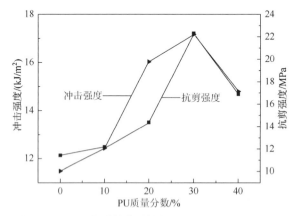

图 1.2   PU-EP 体系的力学性能与 PU 质量分数的关系

1.1.3 热稳定性

图 1.3 为 EP（E51）和不同 PU 质量分数的 PU-EP 体系的热失重曲线图。表 1.1

为 PU-EP 试样热失重（质量分数）分别达到 5%、10%、50%时所对应的热分解温度。样品序号 0#～4#分别是 PU 质量分数为 0%、10%、20%、30%、40%的 PU-EP 体系。

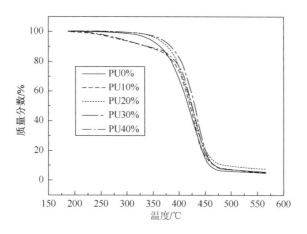

图 1.3　不同 PU 质量分数的 PU-EP 体系的热失重曲线图

表 1.1　PU 质量分数对 PU-EP 体系的热分解温度的影响

样品序号	PU 质量分数/%	热失重 5%的热分解温度 T_d^5 /℃	热失重 10%的热分解温度 T_d^{10} /℃	热失重 50%的热分解温度 T_d^{50} /℃
0#	0	347.91	363.52	417.06
1#	10	279.01	336.25	420.72
2#	20	357.97	376.92	423.29
3#	30	363.90	384.69	429.55
4#	40	284.43	340.15	425.23

　　从表 1.1 和图 1.3 综合可以看出，PU 质量分数为 10%和 40%时，PU-EP 体系的热失重 5%的热分解温度均没有纯 EP 热失重 5%的热分解温度高，而当 PU 质量分数为 30%时，PU-EP 体系的热失重 5%的热分解温度最高，达到 363.90℃，高于纯 EP 的热分解温度，此时耐热性较好。在高温作用下高聚物内部发生两种相反的作用，即降解和交联。在热失重 50%时，PU-EP 体系中 PU 和 EP 均发生了主链的降解。由图 1.3 可知，纯 EP 的热分解温度不是最低的，PU-EP 体系的热分解温度也不随着 PU 质量分数的增加而逐渐升高，而是先降低再升高最后降低。PU 质量分数为 10%后，PU-EP 体系的热分解温度比纯 EP 要低，之后随 PU 质量分数的增加，PU-EP 体系的热分解温度略有增加；PU 质量分数达到 30%时，PU-EP 体系的热分解温度达到最佳值，此时 PU-EP 体系的热分解温度高于纯 EP；但 PU

质量分数超过 30%时，PU-EP 体系的热分解温度又开始下降。从这些现象可以得出，PU-EP 体系的热稳定性并不是简单的 PU 和纯 EP 热稳定性的加和，而是与两种聚合物自身结构及两者的互穿程度有关。由于热固性 EP 本身是交联结构，其分子链有一定的刚性，当加入分子链为柔韧性的 PU 后，相当于在刚性材料中引入了柔性基团，两种聚合物交联密度较低，反而会降低材料的热分解温度。随着 PU 质量分数的增加，两种聚合物的分子链发生交联，实质上就是增强了分子间的作用力，以化学键的形式将两种聚合物分子链连接起来，增加两相相容性，达到最大互穿程度，阻碍分子链的运动，提高材料的热分解温度。但 PU 质量分数超过 30%后，两种聚合物交联密度过大，两相分离明显，进而降低材料的热分解温度[10, 11]。

1.2　SiO$_2$/PU-EP 复合材料

1.2.1　SEM 分析

采用 SEM 对复合材料的微观结构进行分析，其结果见图 1.4。图 1.4（a）、（b）、（c）分别是无机纳米 SiO$_2$ 粒子质量分数（简称 SiO$_2$ 质量分数）为 1%、2%、3%的 SiO$_2$/PU-EP 复合材料的断面形貌图。

从图中可以看出，较平整区域为 EP 基体即连续相。当 SiO$_2$ 质量分数小于3%时，无机纳米 SiO$_2$ 粒子均匀分散在高聚物基体中；当 SiO$_2$ 质量分数为 3%时，可以清晰地看见亮点，此亮点为无机纳米 SiO$_2$ 粒子，这说明，无机纳米SiO$_2$ 粒子发生了团聚现象。因此，PU 分子聚集成颗粒在交联的 EP 连续相中形成分散相，在孔洞的边缘处会残留分散相。在弹性体 PU 改性 EP 的固化冷却的过程中，与基体结合良好的 PU 颗粒会受到流体静拉力，当同时受到外界负荷时，裂纹尖端又受到应力，两种作用力叠加，促使 PU 内部或 PU 颗粒与 EP基体间的界面破裂而产生孔洞。这些孔洞可以缓解裂纹前端的应力，同时增加PU 上的应力集中，并诱发 PU 颗粒之间的 EP 基体的局部剪切屈服，进而导致裂纹尖端的钝化，减少 EP 基体中的应力集中，达到增韧的目的。另外，经偶联剂处理的无机纳米 SiO$_2$ 粒子的表面带有较活跃的基团，能与高聚物有良好的相容性，使无机相和有机相发生渗透形成界面层。这种界面层在两相之间起着应力传递的作用，对力学性能的提高起着决定性的影响。随着 SiO$_2$ 质量分数的增大，无机纳米 SiO$_2$ 粒子之间相互碰撞的概率增加，易出现无机纳米SiO$_2$ 粒子团聚现象[12-15]。同时会出现较多的结构内部缺陷，使应力集中点不均匀，影响材料的综合性能。这一结果表明，无机纳米粒子在有机相的分散与无机纳米粒子的质量分数有关。欲提高材料的综合性能，如何提高纳米粒子在聚合物基体中的分散性是面临的主要问题。

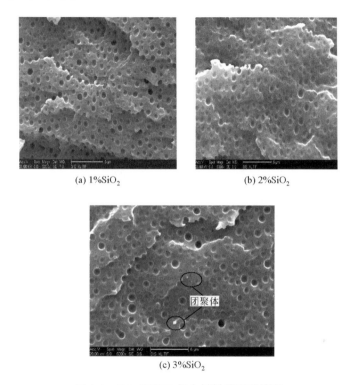

(a) 1%SiO₂　　　　　　　　　　(b) 2%SiO₂

(c) 3%SiO₂

图 1.4　SiO₂/PU-EP 复合材料断面形貌图

1.2.2　FT-IR 分析

傅里叶变换红外光谱（Fourier transform infrared spectroscopy，FT-IR）分析通过光波与物质之间的一种相互作用，使被照射的物质内部分子运动的形式发生改变，进而出现特征能态之间的跃迁，来进行测试与分析。在高聚物的研究中，FT-IR 不仅可以鉴别高聚物、鉴定聚合物材料中的添加剂、定量分析其组成，还可以测定支链、端基以及结晶度等。FT-IR 是表征化学结构和物理性质的一种重要手段，最明显的特点是特征性相当高，普遍应用于鉴别高聚物、有机物和其他一些复杂结构的物质，包括天然及人工合成的复杂产物，是一种不可缺少的测试方法。

图 1.5 是 SiO₂/PU-EP 复合材料的 FT-IR 图，图中 1#、2#、3#分别为纯 EP、PU-EP 体系和 SiO₂ 质量分数为 2%的 SiO₂/PU-EP 复合材料的 FT-IR 图。

从图 1.5 中的 3#发现，在 3508cm^{-1} 左右处有羟基伸缩振动峰，在 1730cm^{-1}

处是羰基伸缩振动峰，在 1066cm^{-1} 左右处产生了硅氧碳（Si—O—C）键伸缩振动峰，在 1400cm^{-1} 左右处为碳氢键伸缩振动峰。因此，可以得出以下结论，与纯 EP 相比，改性后的 PU-EP 体系分子中引入了新的化学键。经偶联剂处理的无机纳米 SiO$_2$ 粒子表面带有亲油基，易与高聚物分子链中的氧负离子发生反应形成化学交联，构成良好的界面层，其中偶联剂起到了"穿针引线"的作用，即具有双功能反应的化学物质。改性过程的主要反应如图 1.6 所示。

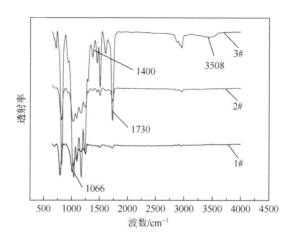

图 1.5　SiO$_2$/PU-EP 复合材料 FT-IR 图

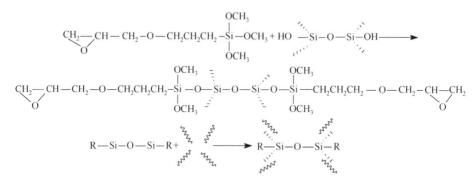

图 1.6　改性过程的主要反应

1.2.3　力学性能

表 1.2 中给出不同 SiO$_2$ 质量分数所对应的 SiO$_2$/PU-EP 复合材料的抗剪强度和冲击强度。根据表 1.2 数据作 SiO$_2$/PU-EP 复合材料抗剪强度和冲击强度与 SiO$_2$ 质量分数的关系曲线，见图 1.7。

表 1.2   SiO₂/PU-EP 复合材料的力学性能

SiO₂质量分数/%	抗剪强度/MPa	冲击强度/(kJ/m²)
0	22.22	17.21
1	25.81	14.40
2	27.40	25.07
3	26.13	17.33
4	21.70	15.62

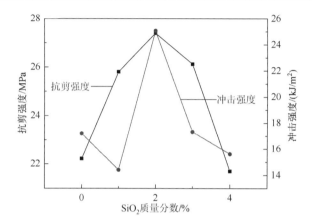

图 1.7   不同 SiO₂ 质量分数的 SiO₂/PU-EP 复合材料的力学性能

从表 1.2 和图 1.7 中可以看出，SiO₂ 质量分数对 SiO₂/PU-EP 复合材料的力学性能影响很大，随着 SiO₂ 质量分数的增加（某一点除外），SiO₂/PU-EP 复合材料的抗剪强度和冲击强度逐渐增加后又呈下降趋势，在 SiO₂ 质量分数为 2%时，SiO₂/PU-EP 复合材料的力学性能出现了峰值。其中,抗剪强度最大值为 27.40MPa，冲击强度最大值为 25.07kJ/m²。在 SiO₂ 质量分数超过 3%时，SiO₂/PU-EP 复合材料的抗剪强度和冲击强度要比未添加无机纳米 SiO₂ 粒子的性能还要低。一般而言，经偶联剂处理过的无机纳米 SiO₂ 粒子改性 EP 并不是无机纳米 SiO₂ 粒子和 EP 分子之间的简单物理共混，经偶联剂处理的无机纳米 SiO₂ 粒子表面带有活性基团，与 EP 基体实现化学键合，使无机纳米 SiO₂ 粒子充分接枝到 EP 基体上，增强了纳米粒子与基体间的界面黏合，也就是说，偶联剂在纳米粒子与基体之间起到了桥梁的作用。在外界应力下，纳米粒子与基体之间的界面层会发生界面脱黏现象，高聚物分子链纤维化，产生局部屈服，会消耗更多的能量，从而提高材料的力学性能。由于纳米粒子有大的比表面积和高的表面能，除了易与 EP 基体分子链接触外，纳米粒子之间自聚概率也会增加，当纳米粒子过量时，纳米粒子在基体中的分散变得困难，则会出现团聚现象，造成应力集中点，导致材料的力学性能下降[16]。

1.2.4 耐热性

图 1.8 是不同 SiO_2 质量分数的 SiO_2/PU-EP 复合材料的热失重曲线三维带状图，带状图从前往后依次表示 SiO_2 质量分数分别为 0%、1%、2%、3%和 4%的 SiO_2/PU-EP 复合材料的热失重曲线。

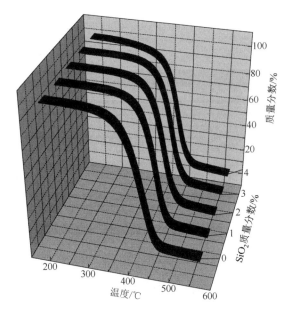

图 1.8 不同 SiO_2 质量分数的 SiO_2/PU-EP 复合材料热失重曲线三维带状图

表 1.3 为 SiO_2/PU-EP 复合材料的热分解温度以及热失重分别达到 5%、10%、50%时的热分解温度 T_d^5、T_d^{10}、T_d^{50}。

表 1.3 SiO_2/PU-EP 复合材料的热分解温度

样品序号	SiO_2 质量分数/%	热分解温度/℃	T_d^5 /℃	T_d^{10} /℃	T_d^{50} /℃
1#	0	401.36	341.91	363.52	417.06
2#	1	404.17	364.61	384.12	428.97
3#	2	404.65	365.28	384.48	427.74
4#	3	398.81	362.94	382.49	426.37
5#	4	392.90	337.91	371.07	421.16

图 1.9 为根据表 1.3 中所给出的数据而绘制的当热失重分别为 5%、10%、50% 时，SiO₂/PU-EP 复合材料的热分解温度随 SiO₂ 质量分数不同而变化的趋势。

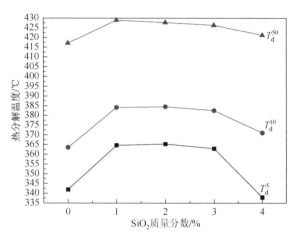

图 1.9　SiO₂/PU-EP 复合材料的热分解温度曲线

综合考察图 1.8、图 1.9 和表 1.3 可以看出，纳米粒子的引入提高了复合材料的热分解温度，随 SiO₂ 质量分数的增加，SiO₂/PU-EP 复合材料的热分解温度先呈上升趋势，当 SiO₂ 质量分数为 2% 时，SiO₂/PU-EP 复合材料的热分解温度达到最大值，SiO₂ 质量分数超过 2% 后，SiO₂/PU-EP 复合材料的热分解温度略有下降，但总体的热分解温度要高于不添加无机纳米 SiO₂ 粒子的热分解温度。提高 SiO₂/PU-EP 复合材料热分解温度的原因可能有：一是无机纳米 SiO₂ 粒子本身具有优异的耐热性，SiO₂ 对 PU-EP 体系来说相当于刚性粒子，有效地提高了 SiO₂/PU-EP 复合材料的耐热性；二是经有机化的无机纳米 SiO₂ 粒子的表面存在活跃基团，易与有机高聚物形成氢键或其他化学键，在原有形成的互穿网络结构中又增加了新化学键的交联，客观上限制了高聚物分子链的运动，进而增加了材料的耐热性。当 SiO₂ 质量分数超过 2% 后，在一定程度上纳米粒子形成了团簇，降低了与有机基体之间的相容性，降低了复合材料的热分解温度，但总体上看无机纳米 SiO₂ 粒子的加入有效地提高了 SiO₂/PU-EP 复合材料的热分解温度。

因此，在一定的范围内，经偶联剂处理、良好地分散于有机基体中的无机纳米 SiO₂ 粒子，可以使复合材料的力学性能和耐热性有所提高[17]，从而达到增强、增韧、提高耐热性的效果。

1.2.5　介电性能

高聚物的电学性质是指聚合物在外加电压或电场作用下的行为及其所表现出来的

各种物理现象。高聚物的电学性质往往非常灵敏地反映材料内部结构的变化和分子运动状况，因此，电学性质的测量作为力学性质测量的补充，已成为研究高聚物的结构和分子运动的一种有力手段，同时具有非常重要的理论和实践意义。此外，电学性质的测量方法由于可以在很宽的频率范围下进行观察，显示出其更大的优越性。

介电特性是电介质材料的基本物理性质之一。对介电特性的研究不仅在材料的应用上具有重要意义，而且是了解材料的分子结构和极化机理的重要分析手段。在外电场作用下相对介电常数 ε 和介电损耗角正切 $\tan\delta$ 是描述电介质极化和损耗的两个重要物理参数[18, 19]。

相对介电常数是衡量电介质在外电场中极化程度的一个宏观物理量，反映了绝缘材料储存电荷的能力。电介质的极化情况对相对介电常数有很大的影响。极化一般有原子位移极化和电子位移极化、界面极化以及取向极化四种。取向极化起主导作用，取向极化程度越大，相对介电常数就会越大。

介电损耗是电介质在交变电场中，由于消耗部分电能而使电介质本身发热的现象。也就是说，当电介质在交变电场中时，其内部的某种极化过程就会发生，但这种极化过程对交变电场响应有一个弛豫时间。这个极化过程落后于电场变化的时候就会发生介电损耗[13, 20]。

引入纳米粒子，纳米粒子将会与高聚物形成良好的界面，使复合材料的介电行为发生特殊的变化[21]。无机纳米 SiO_2 粒子的电气性能好，将其作为填料添加到聚合物中，在改善聚合物介电性能的同时还能提高材料的耐热性，因而在绝缘材料领域中有着广泛的应用。下面在高频脉冲电压条件下研究 SiO_2 质量分数对复合材料相对介电常数和介电损耗角正切的影响，并对该复合材料介电性能进行综合评价。图 1.10 是在室温条件下 SiO_2/PU-EP 复合材料的相对介电常数在不同频率下随 SiO_2 质量分数的变化曲线。

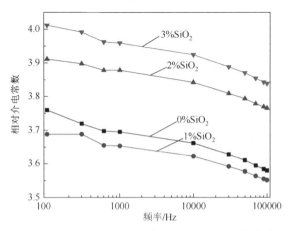

图 1.10　SiO_2/PU-EP 复合材料的相对介电常数曲线

从图 1.10 中可以看出，在 $10^2 \sim 10^5$Hz，除 SiO₂ 质量分数为 1% 时 SiO₂/PU-EP 复合材料的相对介电常数略低之外，相对介电常数随着 SiO₂ 质量分数的增加呈上升趋势；而随着频率的增加，SiO₂ 质量分数相同的 SiO₂/PU-EP 复合材料的相对介电常数略有降低。

由于相对介电常数是由介质极化所决定的，频率对多数材料的相对介电常数具有较大的影响。从图 1.10 中可以看出，SiO₂ 质量分数相同时，随着频率增加，SiO₂/PU-EP 复合材料的相对介电常数在低频率区（小于 10^4Hz 时）变化较小，当频率大于 10^4Hz 时，SiO₂/PU-EP 复合材料的相对介电常数开始有明显的下降趋势。原因可能是：纳米粒子的加入限制了高聚物分子侧链的运动，随着频率的增加，分子的侧链运动变得缓慢，相当于分子链对频率的敏感性下降，所以在高频区材料的相对介电常数下降。

从图 1.10 中还可以看出，SiO₂ 质量分数为 1% 时，SiO₂/PU-EP 复合材料的相对介电常数低于 PU-EP 体系，这可能是由于 SiO₂ 质量分数较小，在聚合物中起到导电的副作用，复合材料的极化主要由聚合物基体所决定。但随着 SiO₂ 质量分数的增大，复合材料的相对介电常数也得到了明显的提高。其原因可能有：一是随着纳米粒子质量分数的增大，在纳米粒子的庞大界面中存在大量的悬键、空位以及孔洞等缺陷，这就引起电荷在界面中分布的变化，即正、负电荷的变化，在外电场作用下，正、负电荷分别向负、正极移动，电荷运动的结果就是聚集在界面的缺陷处，形成电偶极矩，即界面电荷极化，同时，纳米粒子内部也存在晶格畸变及空位等缺陷，这也可能产生界面极化，这种界面极化往往导致材料具有较高的相对介电常数；二是纳米粒子和高聚物通过偶联剂分子连接在一起，相当于增加了偶极矩，致使相对介电常数增加。

当然偶联剂也会引入杂质极性分子，在外电场作用下，这种杂质引起的极化是不可忽视的。

综上所述，在外电场作用下，纳米材料往往存在多种极化机制，它们对相对介电常数的贡献要比常规材料高。

图 1.11 为不同 SiO₂ 质量分数的 SiO₂/PU-EP 复合材料在 $10^2 \sim 10^5$Hz 的介电损耗角正切。

由图 1.11 可以看出，在 $10^2 \sim 10^5$Hz，随着 SiO₂ 质量分数的增大，SiO₂/PU-EP 复合材料的介电损耗角正切呈现先减后增的过程。在低频区，复合材料的介电损耗角正切很高，这一现象的原因可能是离子界面极化松弛[22]。在低频区，无机纳米粒子产生的两相界面使复合材料体系中含有界面空气隙，所以介电损耗角正切比较高。在高频区，材料在固化后形成分子质量（又称分子量）较大的三维交联网状的结构，限制了极性基团的极化取向，极化跟不上而落后于外电场变化，进而引起介电损耗角正切增加；此外，随着 SiO₂ 质量分数的增大，界面变大，

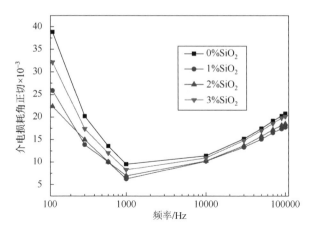

图 1.11　SiO$_2$/PU-EP 复合材料的介电损耗角正切曲线

缺陷增多，载流子变多，在外电场的作用下，载流子发生迁移，电能则以热的形式损耗。

影响纳米复合材料相对介电常数和介电损耗角正切的除内在因素外，还有很多外在因素，其中主要包括杂质、温度和频率。其实纳米粒子的质量分数对复合材料的介电特性影响很复杂。此外，介电特性还与纳米粒子的尺寸、形状、体积分数以及与基体形成的结构等因素有关，这些因素还有待我们进一步研究[23, 24]。

在所用的电工绝缘材料中并没有完美的电介质，而是具有微量的电导性，这是因为所有电介质都存在载流子。在研究高聚物电绝缘性时，微弱传导电流的载流子性质、数目以及运动形式是重要的影响因素[25]。通常情况下，载流子（电子、空穴、离子等）可以由材料内部产生，也可以由材料外部产生，如材料中的杂质。在高聚物分子结构中，原子最外层电子是以共价键和相邻原子键接的。在施加外电场时，这类结构的束缚电荷仅能在平衡位置附近移动。因此，在弱电场的作用下，纯高聚物电绝缘体理应没有电流通过，而实际测得的数据往往要比理论小好几个数量级。因此，我们有理由认为，高聚物电绝缘体中载流子主要来自材料外部，即杂质[7]。事实上，在高聚物合成和加工的过程中，总避免不了残留或引进少部分杂质分子，从而会产生穿过高聚物内部或表面的电流。也正是由于这些杂质（没有反应的微量单体、残留的引发剂、其他种类的助剂或聚合物本身吸附的水分）在外电场作用下被电离，进而为高聚物电绝缘体提供了载流子。载流子的迁移率同时决定着高聚物的电绝缘性，高聚物内部自由体积越大，迁移率就越大，高聚物的电绝缘性就越差。

以下分析纳米粒子质量分数对纳米复合材料绝缘性能的影响，并对纳米复合材料的绝缘性能进行综合评价。表 1.4 为 SiO$_2$/PU-EP 复合材料的体积电阻率随

SiO₂ 质量分数的不同而相应变化的数值。图 1.12 是根据表 1.4 中数据绘制而成的不同 SiO₂ 质量分数对 SiO₂/PU-EP 复合材料体积电阻率的影响。

表 1.4　SiO₂/PU-EP 复合材料的体积电阻率

样品编号	样品名称	SiO₂ 质量分数/%	体积电阻率×10^{14}/(Ω·m)
1#	EP	0	6.8033
2#	PU-EP	0	1.2654
3#	SiO₂/PU-EP	1	1.6745
4#	SiO₂/PU-EP	2	1.3375
5#	SiO₂/PU-EP	3	1.3754
6#	SiO₂/PU-EP	4	0.6954

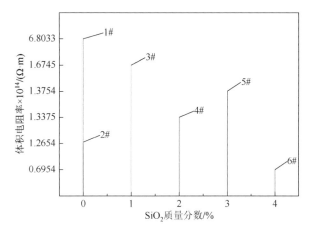

图 1.12　SiO₂/PU-EP 复合材料的体积电阻率

综合表 1.4 和图 1.12 可以看出，PU-EP 体系的体积电阻率比纯 EP 的体积电阻率低，而当引入无机纳米 SiO₂ 粒子时，SiO₂/PU-EP 复合材料的体积电阻率增加，但增加的幅度不是很大，而且还是比纯 EP 的体积电阻率低。原因可能是高聚物的电绝缘性与其分子结构有关，其结构决定着高聚物的导电性。在 PU-EP 体系中引入无机纳米 SiO₂ 粒子，会使该体系介电极性增加，使杂质离子间的库仑引力减小，促进杂质的离解，使 SiO₂/PU-EP 复合材料的体积电阻率低于纯 EP 的体积电阻率。但是，经偶联剂改性过的无机纳米 SiO₂ 粒子表面带有可以和有机高聚物连接的活跃基团，促进无机相和有机相分子链紧密连接，在一定程度上相当于增加两相的相容性，提高了交联度，使高聚物中的自由体积减小，限制了载流子的迁移率，因而导致 SiO₂/PU-EP 复合材料的体积电阻率升高。虽然没有纯 EP 的体积电阻率高，但复合材料的体积电阻率数量级仍在 $10^{13}\sim10^{14}\Omega\cdot m$，因此可以确定 SiO_2/PU-EP 复合材料是电阻率较高的绝缘材料[26]。

击穿强度是指高聚物处在高电压下，平均每个单位厚度所能承受被破坏时的电压，也叫介电强度。高聚物固体电介质的击穿一般包括热击穿和电击穿。热击穿是指固体电介质在强压电场作用下，由于介电损耗产生的热量来不及散去，造成电介质内部的温度升高，随着温度的升高，电导率增加，电介质的介电损耗进一步增大，此时会有更多热量散发不出去，这种恶性循环的结果导致固体电介质氧化、焦化以致击穿破坏。通常情况下，热击穿发生在试样散热不好的地方。电击穿是指在高压电场作用下，电介质中微量杂质电离或少量自由电子，在受到外加电场加速时获得动能后会沿电场的方向做高速运动，冲击高聚物，从而使高聚物产生新的载流子，这些新生载流子从电场获得能量又一次和高聚物发生碰撞激发更多的电子，此过程反复进行，新生电子如雪崩似的生长致使电流急剧上升，最后发生电击穿[27]。

表 1.5 是 SiO_2/PU-EP 复合材料的击穿强度随着 SiO_2 质量分数变化的数据，图 1.13 是 SiO_2/PU-EP 复合材料的击穿强度随着 SiO_2 质量分数的变化所绘制的曲线。

表 1.5 SiO_2/PU-EP 复合材料的击穿强度

SiO_2 质量分数/%	厚度/mm	击穿电压/kV	击穿强度/(kV/mm)
0	1.514	28.83	19.04
1	1.352	24.86	18.39
2	1.369	25.23	18.42
3	1.249	23.33	18.68
4	1.358	23.30	17.16

从表 1.5 和图 1.13 可以观察出，添加无机纳米 SiO_2 粒子后 SiO_2/PU-EP 复合材料的击穿强度都有所下降，在 SiO_2 质量分数为 2%时有一个上升点，当 SiO_2 质量分数为 4%时，SiO_2/PU-EP 复合材料的击穿强度出现最低值，为 17.16kV/mm。在高电场下，SiO_2/PU-EP 复合材料发生的击穿现象可能是热击穿、电击穿或者两种击穿共同作用所产生的。上述结果可以用以下原因来解释，随着 SiO_2 质量分数的增加，SiO_2/PU-EP 复合材料的介电损耗角正切先减小后增加。这是因为在材料的侧链和端口引入了极性基团，在外电场存在的情况下，极性基团发生取向的过程中受到高聚物的黏滞阻力，高聚物为了克服阻力而发生摩擦运动，促使电场的能量转化为 SiO_2 克服高聚物转动产生的热量，扰乱了发热到散热的稳定状态，最后使击穿强度下降；虽然经偶联剂处理过的 SiO_2 和高聚物能很好地相容，但在无

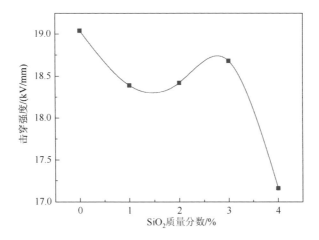

图 1.13　SiO₂/PU-EP 复合材料的击穿强度

机相与有机相界面之间存在着一定的缺陷[28]，载流子随着 SiO₂ 质量分数的增加和界面增大而增多，在强电场的作用下，促使其高速运动，电导损耗反而增大，产生的热量使整个体系温度上升，如此恶性循环，致使击穿强度下降；SiO₂ 质量分数的增加相应地阻碍了其在有机相中的分散程度，促使 SiO₂ 发生二次团聚现象，造成电场在测试过程的局部集中现象，测试点温度过高，热量来不及传导，因此导致击穿现象。

第2章 SiO₂/PES-EP 复合材料的制备及性能研究

EP 韧性差的缺点是限制其应用的主要因素，因此，对 EP 韧性的改善已经成为 EP 工业中的重要环节。热塑性树脂聚醚砜（polyethersulfone，PES）模量高，耐热性良好，用其改性 EP 可得到较为理想的体系。但 PES 与 EP 相容性较差，本章采用液体酸酐作为固化物，并起到溶解 PES 的作用，在制备过程中改变了以往的加料顺序，最后实现无溶剂共混，得到均相透明的胶液。在使用 PES 改性 EP 的同时，体系黏度会随着 PES 质量分数的增加而变大，虽然可加入稀释剂降低黏度，但会对固化产物的性能有影响[29, 30]。因此，为了进一步增加 PES 改性 EP（记作 PES-EP）体系的力学性能，在该体系中加入纳米 SiO₂ 粒子，并研究三种物质的最佳配比。纳米 SiO₂ 粒子用量少、环境友好，并且能够显著提高 EP 固化产物的各项性能。

2.1 PES 改性 EP

2.1.1 温度对溶解时间和抗剪强度的影响

液体酸酐甲基四氢苯酐（methyl tetrahydrophthalic anhydride，MeTHPA）为固化物，根据相似相容和极性相近原则，对 PES 预先溶解。在不同溶解温度和时间下，PES 与 MeTHPA 的溶解程度不同。因此，通过比较 PES 在水浴 40℃ 和 60℃ 下的溶解时间和固化产物的抗剪强度确定 PES 与 MeTHPA 的溶解温度。表 2.1 反映了不同温度下 PES 的溶解时间和抗剪强度，其中 MeTHPA 的用量通过理论公式计算，为 EP 质量分数的 76.2%。

表 2.1 不同温度下 PES 的溶解时间及抗剪强度

PES 质量分数/%	40℃		60℃	
	溶解时间/h	抗剪强度/MPa	溶解时间/h	抗剪强度/MPa
10	15	14.72	2.5	17.55
15	15	13.48	2.5	18.62
20	15.5	14.21	3	19.22
25	16	15.72	3	15.86

由表 2.1 中数据可以看出，在 MeTHPA 理论用量下，不同质量分数的 PES 均可溶解，并且在同一温度下，溶解时间随 PES 质量分数的增加而变长。在 60℃下，完全溶解质量分数为 25%的 PES 的时间约为 3h；而在 40℃下，完全溶解则需要 16h，说明在一定范围内升高温度有利于提高溶解速度。剪切测试结果表明，60℃ 溶解的胶液固化产物抗剪强度明显高于 40℃溶解的胶液，由此可知，在一定范围内升高温度有利于提高固化产物的抗剪强度。

PES 分子链结构中的醚键具有很强的给电子性，可溶于溶解度相似的亲电试剂。MeTHPA 中的酐基可与游离羟基反应生成羧基，羧基为典型的吸电子基团，故可与 PES 中的醚键反应，进而将其溶解。通常，高聚物的溶解过程分为两个阶段：首先是溶剂分子渗入高分子内部，使其体积膨胀，称为溶胀；其次才是高聚物均匀地分散在溶剂中，形成均相体系。PES 的溶解过程在室温下不能自发进行，为 $\Delta H_\mathrm{M}>0$ 的吸热过程，同时，根据 Ueberreiter-Asmussen 理论，当温度升高时，大分子的流动性增加，溶胀层的厚度也随之增加，因此温度升高对溶解有利；温度越高，PES 与 EP 相互作用越强，且两相之间形成的化学键能量越高，当吸收外部能量时，更难破坏其结构，因此，固化产物的抗剪强度增加。此外，低温下溶解时间过长，MeTHPA 过长时间暴露于空气中，其中的酐基易吸水生成羟基，将影响与 EP 的固化反应，导致材料固化不完全，出现空穴或缺陷，降低材料的各项性能指标。但水浴达到 80℃以上会产生大量水蒸气，而且会加快固化反应速率，使凝胶时间变短；而且由于 PES 为极性分子，可与 MeTHPA 之间形成氢键，温度升高时，分子的热运动会破坏氢键，降低溶解度。因此，本实验 PES 与 MeTHPA 的反应温度确定为 60℃[31]。

2.1.2　SEM 及能谱分析

由于 PES-EP 体系的微观形貌呈现出分散相与连续相两相结构，为确定分散相的成分，本实验对该体系进行了 SEM 及能谱分析。图 2.1 为 PES-EP 体系的 SEM 图，图 2.2（a）和（b）分别为 PES-EP 体系的点能谱和面能谱分析图。

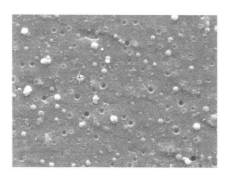

图 2.1　PES-EP 体系 SEM 图

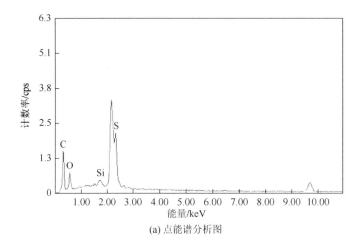

(a) 点能谱分析图

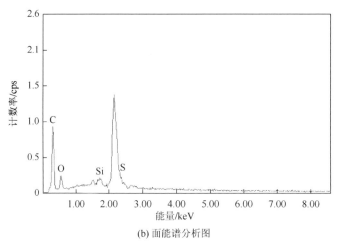

(b) 面能谱分析图

图 2.2　PES-EP 体系能谱分析图

cps 指次/秒

2.1.3　力学性能

　　材料的力学性能是材料的基础性能之一。影响材料力学性能的因素主要包括各组分的性质、形态及相间界面性质等。热固性硬聚合物因分子链的柔顺性差，交联后的三维网状结构在受张力后不易变性，而受张力时能承受的负荷也较高[32]。因此，测试材料力学性能的变化可间接反映出材料内部结构的变化。

　　热塑性树脂对 EP 力学性能的改善主要取决于二者产生了相分离结构。这种相分离结构源于两种高分子材料的热力学不相容[33]。当两种非晶高聚物共混时，随着分散相质量分数的逐渐增加，体系相态包含以下结构：单相连续结构、两相共连续结构以及相互贯穿的两相连续结构。当热塑性树脂分子量逐渐增加时，共混物的玻璃化转变温度和黏度都会增加。随着固化反应的进行，当黏度达到临界值时，相分离将停止。本实验中 PES 相对分子量大于 7 万，与 EP 混合时，黏度比较大，因此形成以 PES 为分散相、EP 为连续相的"海岛式"结构。这种结构对 EP 力学性能的改善可由"银纹-钉锚"机理进行解释：当在 EP 中引入外来相时，形成的第二相在 EP 相中以颗粒、条状或其他形状分散存在。此外，外来相的弹性模量和抗弯强度等远大于基体，微裂纹在基体中产生并扩展，外来相颗粒在微裂纹中起到钉锚或桥梁作用，对微裂纹的进一步扩大或延伸起到约束闭合的作用，阻止宏观断裂的形成。外来相自身的模量很高，能吸收大量能量，因此，外来相颗粒拉长或撕裂所吸收的能量就是断裂韧性的增加值。

1. 抗剪强度

聚合物材料的抗剪强度是衡量其抗形变、破损能力的指标，直接反映了材料的刚性。本实验参照《胶粘剂 拉伸剪切强度的测定（刚性材料对刚性材料）》（GB/T 7124—2008），对 PES-EP 体系的抗剪强度进行测试，测试试样分别为纯 EP 以及 PES 质量分数 5%、10%、15%、20%、25%的 PES-EP 体系。具体数据见表 2.2。

表 2.2　PES-EP 体系的抗剪强度

PES 质量分数/%	抗剪强度/MPa	PES 质量分数/%	抗剪强度/MPa
0	10.84	15	18.62
5	12.34	20	19.22
10	17.55	25	15.86

随着 PES 质量分数的增加，材料的抗剪强度呈现先升高后降低的趋势。当 PES 质量分数为 20%时，抗剪强度达到最大值（19.22MPa），比纯 EP 提高了 77%。而当 PES 质量分数增加至 25%时，抗剪强度又有所降低。当 PES 质量分数较低时，EP 以连续相存在，而 PES 则以球状颗粒分散在其中。在外力作用下，根据"银纹-钉锚"机理，材料的抗剪强度会有所提高。随着 PES 质量分数的增加，PES 颗粒逐渐变大，并且分布变得不均匀，颗粒大小不同，使材料内部的规整度下降，刚性也随之降低。另外，当 PES 质量分数达到一定程度时，两相之间形成最稳定的相互作用。若 PES 质量分数进一步增加，多余的 PES 将以杂质形式存在 EP 相中，破坏了两相的相互作用，使材料的抗剪强度下降[34]。

2. 冲击强度

冲击强度是指聚合物材料在受外力冲击断裂之前所吸收的最大能量，是反映材料韧性的一项重要指标。本实验参照《塑料 简支梁冲击性能的测定 第 1 部分：非仪器化冲击试验》（GB/T 1043.1—2008）对 PES-EP 体系的冲击强度进行测试，表 2.3 为各组试样的冲击强度。

表 2.3　PES-EP 体系的冲击强度

PES 质量分数/%	冲击强度/(kJ/m²)	PES 质量分数/%	冲击强度/(kJ/m²)
0	12.12	15	7.87
5	12.27	20	5.07
10	12.00	25	4.80

加入少量 PES 改性的 EP 的冲击强度没有明显提高，而 PES 质量分数逐渐增加反而导致冲击强度的下降。这与相关文献所报道的随着 PES 质量分数的增加 EP 的冲击强度增大的结果有很大出入[35]。原因可能包含以下几点：①固化时间过长，材料在固化后期吸收了一定的能量，导致脆性增加；②PES 分子量较大，以较大颗粒分散在 EP 基体中，由于颗粒尺寸过大，对材料韧性的增加不能起到明显效果；③PES 与 EP 相容性不好，在两相之间存在的相界面不能有效地传递应力，冲击强度不会提高；④在实验过程中，PES 在 EP 中分散不均匀，导致应力不能均匀分散，易断裂；⑤材料的性能对所采用的测试手段、测试人员的技能极其敏感。

2.1.4　热稳定性

热失重曲线可以反映出材料的热稳定性。本实验对纯 EP 以及 PES 质量分数为 10%、15%、20%、25%的体系进行热失重测试。图 2.3 为 PES 质量分数不同时 PES-EP 体系的热失重曲线。各 PES-EP 体系热分解温度由表 2.4 给出。

从图 2.3 可以看出，在 PES-EP 固化物的起始分解阶段，纯 EP 与 PES 质量分数 10%、15%的 PES-EP 体系稳定性较好，在 350℃之前，曲线较平稳，没有较早出现分解趋势；但 PES 质量分数 20%、25%的 PES-EP 体系分解趋势出现较早，失重的起始温度明显低于前三种材料。在失重的主要阶段，曲线斜率即失重速率最大的是纯 EP，即在大致相同的起始温度下，纯 EP 的热稳定性最差。通过表 2.4 大致可以看出，PES 质量分数在 15%以下时，PES-EP 体系的热分解温度均比纯 EP 明显提高；而当 PES 质量分数大于 20%时，PES-EP 体系的热分解温度又明显降低。

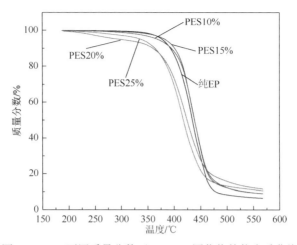

图 2.3　PES 不同质量分数下 PES-EP 固化物的热失重曲线

表 2.4　PES-EP 体系的热分解温度

PES 质量分数/%	热分解温度/℃	PES 质量分数/%	热分解温度/℃
0	397.70	20	382.68
10	409.70	25	361.65
15	407.20		

　　材料的热稳定性与各组分之间的结合力、界面性质等因素有关。通常热塑性增韧材料的加入对体系的热性能具有两种相反的作用：一方面，由于热塑性树脂一般具有很高的键能，材料具有突出的热稳定性，它的加入能有效提高原有聚合物的热稳定性，同时，固化物之间的氢键及其他化学键的形成可大大提高有机物分子主链的刚性，使运动受阻，客观上限制了有机物分子链的热振动，从而提高了材料的热稳定性，此为有利因素；另一方面，增韧材料的引入改变了原有聚合物的网络结构，破坏了原有的空间结构和交联点的分布，新形成的分散相分布不规律，颗粒大小不均匀，使材料的热性能降低，此为不利因素。有利因素在低质量分数时起主导作用，不利因素在高质量分数时起主导作用。

　　由此可见，在 EP 中加入适量的 PES 不会破坏体系的热稳定性。一方面，PES 中的—SO₂—具有很高的键能，苯环刚性较强，使其具有良好的耐热性，将 PES 加入 EP 中时，EP 的耐热性也得到相应提高；另一方面，PES 和 EP 之间会形成化学键，使 EP 的刚性增加，少量提高了体系的耐热性。

2.1.5　介电性能

　　高聚物的介电性能是指在外电场作用下，高聚物内部分子电荷分布发生相应变化所表现出来的性能。因此，高聚物的电学性质往往能灵敏地反映出材料内部结构的变化以及分子运动状态。在宏观上，高聚物的介电性能是用相对介电常数（ε）和介电损耗角正切（$\tan\delta$）这两个参数来描述的[36]。

参照《测量电气绝缘材料在工频、音频、高频（包括米波波长在内）下电容率和介质损耗因数的推荐方法》（GB/T 1409—2006），采用 Agilent4284A 型精密阻抗分析仪，测试纯 EP、PES 质量分数为 10%、15%、20%、25%的五种 PES-EP 体系的相对介电常数，图 2.4 为 PES-EP 体系相对介电常数随频率变化曲线。

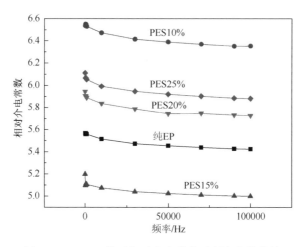

图 2.4　PES-EP 体系相对介电常数随频率变化曲线

从图 2.4 中可以看出，在测试频率 $10^2\sim10^5$Hz 内，当外电场频率从低到高变化时，各 PES-EP 体系的 ε 呈现缓慢降低的趋势。对于极性高聚物，取向极化是最重要的极化过程，它取决于分子间的相互作用力，主要发生在低频区域（$10^2\sim10^5$Hz）。由于 EP 固化后交联密度较大，分子沿外电场方向转动需要克服较大的阻力，完成取向极化的过程需要较长的时间，当频率增大时取向极化的速度不能完全适应电场频率变化，与此同时，界面极化也发生在低频区域，当频率增大时界面极化的速度也跟不上电场频率的变化，二者共同导致 ε 随电场频率增高而下降。但由于材料处于高度交联状态下，链段运动很困难，取向能力低，在频率变化时 ε 降低的幅度不大。

通过对不同曲线进行比较可知，在同一频率下，ε（PES10%）>ε（PES25%）>ε（PES20%）>ε（纯 EP）>ε（PES15%）。由此可见，PES-EP 体系的 ε 普遍高于纯 EP，即 PES-EP 体系极化能力普遍高于纯 EP。因为 PES 和纯环氧的分子链主链均由 C—C 键、C—S 键、C—O—C 键和苯环组成，极化能力相似，两者 ε 相差不大，

所以 PES-EP 体系 ε 的增加主要来源于界面极化。随着 PES 质量分数的增加，在 PES 和 EP 两相之间存在的相界面面积变大，在外电场作用下，在相界面处聚集的电荷数增加，极化增强，ε 将逐渐变大。但实验结果并不完全符合这一理论，这可能是由于实验过程中引入了极性杂质或气泡。PES15%和 PES20%的 PES-EP 体系的 ε 与纯 EP 最接近，通过力学性能分析得出的结论也证实这两个体系力学性能提高得最多，原因可能是在这两个体系中 PES 与 EP 相容性比较好，PES 质量分数也比较合适。

图 2.5 为 PES-EP 体系介电损耗角正切随频率变化的对数曲线，分别为纯 EP 和 PES 质量分数为 10%、15%、20%、25%的 PES-EP 体系。

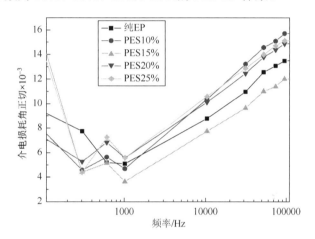

图 2.5　PES-EP 体系介电损耗角正切随频率变化曲线

如图 2.5 所示，从单一曲线可知，当测试频率较低时（低于 1kHz），$\tan\delta$ 变化不明显，而在较高频率时（1～100kHz），$\tan\delta$ 单调增加。这是因为在低频区，各种极化都能跟上外电场变化，在同一周期内，偶极子极化并从电场吸收的能量能够全部还给电场，电介质材料将不产生损耗，所以在实际过程中 $\tan\delta$ 趋于最小值；随着电场频率的增加，取向极化最先跟不上电场的变化，这时电介质放出的能量小于吸收的能量，这个能量差消耗于克服偶极子取向时所受的摩擦阻力，从而使电介质发热，产生了 $\tan\delta$ 并随频率的增加而单调上升。此外，还可能存在介质不均匀引起的界面损耗以及强电场下介质孔隙中气体电离引起的游离损耗，最终还将导致 $\tan\delta$ 的增加。若频率进一步提高（在本实验测试频率之外），偶极子的取向将完全跟不上电场的变化，取向极化不发生，而原子极化和电子极化将在这一高频区域发生，最终带来的结果是 $\tan\delta$ 急剧下降。

由于极性高聚物的 $\tan\delta$ 主要由取向极化的松弛过程决定，而影响极化能力的因素主要是材料的分子结构和凝聚态结构。通过实验结果可进一步看出，PES-EP

体系由于引入了 PES 相，破坏了体系原有的交联网络，降低了交联密度，使偶极子取向能力增加，因此，在同一电场频率下，PES-EP 体系的 tanδ 普遍高于纯EP。同时，随着 PES 质量分数增加，相界面面积增大，电荷穿越界面做功变大，由此引起的电导损耗也会有所增加。综合以上两方面因素可知，PES 的加入会引起体系 tanδ 的增加，但在 PES 质量分数为 15%时，PES 在 EP 基体中分布比较均匀，结构规整，有类似晶体排列的结构，取向极化程度降低，体系的 tanδ 略低于纯 EP。

2.2　SiO₂/PES-EP 复合材料的微观结构及性能

2.2.1　SEM 分析

图 2.6 是 SiO₂/PES-EP 胶黏剂体系的断面形貌图，其 PES 质量分数均为 15%，图 2.6（a）～（c）中纳米 SiO₂ 质量分数分别为 1%、2%、3%。

由图 2.6 可以看出，较大的白色颗粒（粒径约为 3μm）为 PES 分散相，较小的白色颗粒（粒径小于 1μm）为纳米 SiO₂ 颗粒。在纳米 SiO₂ 质量分数 1%的体系中，纳米 SiO₂ 质量分数较小。纳米 SiO₂ 表面具有的活性硅醇基与低分子 EP 能产生化学键接[37]，并且纳米 SiO₂ 具有较大的表面积即表面效应，与 EP 的界面黏合性较

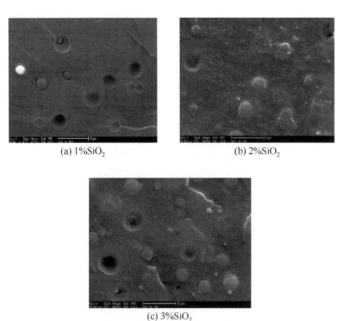

(a) 1%SiO₂　　　　　　　　　　　(b) 2%SiO₂

(c) 3%SiO₂

图 2.6　SiO₂/PES-EP 胶黏剂体系的断面形貌图（5000×）

好。当纳米 SiO₂ 质量分数为 2%时，纳米 SiO₂ 能均匀地分散在 EP 中，纳米 SiO₂ 的直径为几百纳米，达到了纳米级的分散，这有利于提高材料的力学性能和热稳定性能。但是，随着纳米 SiO₂ 质量分数的继续增加（纳米 SiO₂ 质量分数为 3% 时），纳米 SiO₂ 明显减少，出现了聚集体，孔径也不均匀。这一现象说明，随着无机相质量分数的增加，两相间的相互作用增强，两相间的相互渗透也增加，但无机相过量，无机颗粒之间的相互作用也增强，增加了无机颗粒间的碰撞概率，从而出现了无机颗粒聚集体。这种团聚现象越多，材料越不均匀，会对体系的性能产生不利的影响。因此，无机相的质量分数应适宜，以避免或降低团聚现象的发生[38]。

2.2.2　力学性能

1. 抗剪强度

本实验测试纳米 SiO₂ 质量分数分别为 0%、1%、2%和 3%的 SiO₂/PES-EP 胶黏剂体系的抗剪强度，见表 2.5。图 2.7 为 SiO₂/PES-EP 胶黏剂体系的抗剪强度变化曲线。

由表 2.5 和图 2.7 可以看出，SiO₂/PES-EP 胶黏剂体系的抗剪强度比未加入纳米 SiO₂ 的 PES-EP 体系普遍有所提高。而当纳米 SiO₂ 加入质量分数为 2%时，SiO₂/PES-EP 胶黏剂体系的抗剪强度出现了最大值（25.93MPa），比加入纳米 SiO₂ 前提高了 39%。

表 2.5　不同纳米 SiO₂ 质量分数下 SiO₂/PES-EP 胶黏剂体系的抗剪强度

SiO₂ 质量分数/%	抗剪强度/MPa	SiO₂ 质量分数/%	抗剪强度/MPa
0	18.62	2	25.93
1	19.16	3	20.60

抗剪强度可以反映出材料刚性的变化，同时是黏结强度的衡量指标。纳米 SiO₂ 的加入减少了固化反应时产生的收缩，即对固化反应后产生的自收缩应力有一定的应力松弛作用，改善了 EP 的结构；同时，由于纳米 SiO₂ 的小尺寸性，刚性粒子在 EP 中分散的相畴尺寸小，能达到良好的增韧效果。此外，由于纳米 SiO₂ 比表面积大，且经偶联剂改性后其与 EP 表面的黏合力增强，从而使黏结强度有所提高。但随着纳米 SiO₂ 质量分数的增加，其自身碰撞概率变大，容易发生团聚现象，因此其抗剪强度又有所降低。

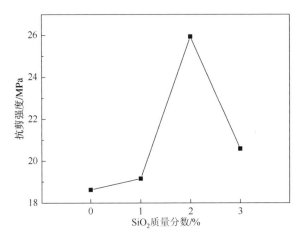

图 2.7　SiO$_2$/PES-EP 胶黏剂体系抗剪强度

2. 冲击强度

本实验测试纳米 SiO$_2$ 质量分数分别为 0%、1%、2%和 3%的 SiO$_2$/PES-EP 胶黏剂体系的冲击强度，见表 2.6 和图 2.8。

表 2.6　不同纳米 SiO$_2$ 质量分数下 SiO$_2$/PES-EP 胶黏剂体系的冲击强度

SiO$_2$ 质量分数/%	冲击强度/(kJ/m^2)	SiO$_2$ 质量分数/%	冲击强度/(kJ/m^2)
0	7.87	2	18.73
1	9.47	3	16.67

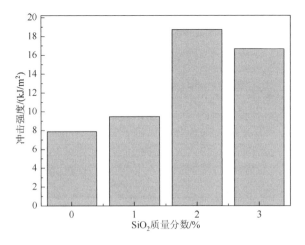

图 2.8　SiO$_2$/PES-EP 胶黏剂体系的冲击强度

由表 2.6 和图 2.8 可见，随着纳米 SiO_2 质量分数的增加，SiO_2/PES-EP 胶黏剂体系的冲击强度呈现先升后降的趋势。与抗剪强度相同，在纳米 SiO_2 质量分数为 2%时，SiO_2/PES-EP 胶黏剂体系的冲击强度出现了最大值（18.73kJ/m²），比加入纳米 SiO_2 前提高了 138%。

纳米 SiO_2 为刚性粒子，在受到外力时，刚性粒子可以吸收大量冲击能，阻碍微裂纹在基体中的延伸扩展，因此，纳米 SiO_2 在一定程度上增强了 PES-EP 体系；同时，改性后的纳米 SiO_2 表面带有羟基，具有很高的活性，可与 EP 之间形成化学交联，大大提高了纳米 SiO_2 与 EP 基体界面的作用力，并且分散得更好，容易引发银纹吸收更多的能量，增韧效果更明显。纳米 SiO_2 的加入对原 PES-EP 体系的力学性能有显著改善，但当纳米 SiO_2 质量分数增加到 3%时，两项力学性能均有下降趋势。这一结果与 SEM 分析结果相符合，在 SiO_2 质量分数为 3%的 SiO_2/PES-EP 胶黏剂体系中，纳米 SiO_2 出现了团聚现象，分散变得不均匀，导致应力分散不均匀，使材料的力学性能有所降低。

2.2.3　耐热性

热重法也称热失重法，是在逐渐升温的测试条件下，对样品的质量随温度变化关系进行测试的技术。高聚物在温度逐渐升高的作用下，会产生相应的变化，如水分的蒸发、物质的分解和氧化等。将物质的质量变化随温度变化的关系进行记录，就得到物质的质量-温度的关系曲线。热重法的最大特点是定量性很强，用于分析高分子材料的热稳定性。

采用热重法测试纳米 SiO_2 质量分数为 0%、1%、2%、3%的 SiO_2/PES-EP 胶黏剂体系的热稳定性。SiO_2/PES-EP 胶黏剂体系的热分解温度见表 2.7，图 2.9 为纳米 SiO_2 不同质量分数下该体系的热失重曲线。

表 2.7　SiO₂/PES-EP 胶黏剂体系的热分解温度

SiO₂ 质量分数/%	热分解温度/℃	SiO₂ 质量分数/%	热分解温度/℃
0	406.20	2	375.24
1	387.85	3	370.09

如图 2.9 所示，四种体系中，失重的起始温度最高的为未掺杂纳米 SiO_2 的 PES-EP 体系，在掺杂纳米 SiO_2 的体系中，纳米 SiO_2 质量分数 3%的体系起始温度明显低于另外两种。在失重阶段，掺杂纳米 SiO_2 的三种体系曲线斜率大致相同，但均小于未掺杂纳米 SiO_2 的 PES-EP 体系。掺杂纳米 SiO_2 体系的

热稳定性比未掺杂 SiO₂ 的体系有所降低，而在纳米 SiO₂ 质量分数为 3%时，体系的热稳定性最差。

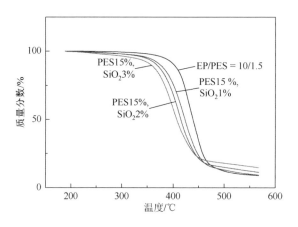

图 2.9　SiO₂/PES-EP 胶黏剂体系的热失重曲线

　　纳米 SiO₂ 中硅氧键键能较高，对提高复合材料的耐热性有一定的作用，并且经过偶联剂处理的纳米 SiO₂ 具有很大的比表面积，与 EP 之间可形成较好的界面接触和化学交联，增加了体系的刚性，形成的网络结构也可以很好地保护有机基团的氧化分解，因此，加入纳米 SiO₂ 会对 EP 耐热性有积极的影响。但实验结果显示，加入纳米 SiO₂ 的体系比 PES-EP 体系的热稳定性有所降低，这可能是因为纳米 SiO₂ 自身吸附的水分影响了 EP 的固化，固化不完全的 EP 交联密度降低，会导致耐热性的降低；并且，本实验使用低分子的偶联剂对纳米 SiO₂ 进行表面修饰，在热失重过程中，低分子的偶联剂会在较低温度下分解，降低了体系热失重的起始温度，从而使材料的热稳定性降低。当纳米 SiO₂ 质量分数为 3%时，复合材料的热稳定性最差，这是因为纳米 SiO₂ 出现了团聚现象，分散性变差，导致热稳定性下降[39]。

2.2.4　介电性能

1. 相对介电常数

　　本实验测试纳米 SiO₂ 质量分数分别为 0%、1%、2%和 3%的 SiO₂/PES-EP 胶黏剂体系的相对介电常数。图 2.10 为 SiO₂/PES-EP 胶黏剂体系相对介电常数随频率变化曲线。

　　如图 2.10 所示，每条曲线中，ε 均随着频率的增加而降低，随着纳米 SiO₂ 质量分数的增加，ε 呈先上升后下降的趋势。当纳米 SiO₂ 质量分数为 2%时，ε 最大。当纳米 SiO₂ 质量分数为 3%时，ε 下降明显，但与掺杂纳米 SiO₂ 前相比还是有明显的增加。

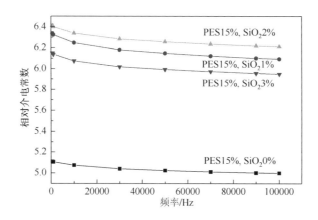

图 2.10　SiO₂/PES-EP 胶黏剂体系相对介电常数随频率变化曲线

SiO₂/PES-EP 胶黏剂体系的极化主要取决于电子位移极化和偶极子转向极化。其中，建立电子位移极化需要的时间很短，为 $10^{-16} \sim 10^{-15}$s，而建立偶极子转向极化所需的时间较长，为 $10^{-6} \sim 10^{-2}$s，并受分子热运动的有序化作用、电场的有序化作用和分子间的作用，所以当频率升高时，转向极化的建立跟不上频率的变化，体系的 ε 降低[40]。ε 开始时随着纳米 SiO₂ 质量分数增加而增加是因为当纳米 SiO₂ 质量分数较小时，颗粒和基体接触界面很小，体系的极化由聚合物基体决定。当纳米 SiO₂ 质量分数逐渐增加时，由于纳米 SiO₂ 经过偶联剂处理，其表面与 EP 的极性基团连接在一起，增加了极性基团的偶极矩，因此，掺杂纳米 SiO₂ 体系的 ε 变大；同时，颗粒和基体的接触界面随之增加，因此界面极化加强，体系的 ε 也增加。但当纳米 SiO₂ 质量分数继续增加时，纳米 SiO₂ 发生团聚，破坏了体系的极化，ε 又有所下降。

2. 介电损耗角正切

本实验测试纳米 SiO₂ 质量分数分别为 0%、1%、2%和 3%的 SiO₂/PES-EP 胶黏剂体系的介电损耗角正切。图 2.11 为 SiO₂/PES-EP 胶黏剂体系介电损耗角正切随频率变化曲线。

如图 2.11 所示，掺杂纳米 SiO₂ 以后，体系的 tanδ 均比 PES-EP 体系有所增加。

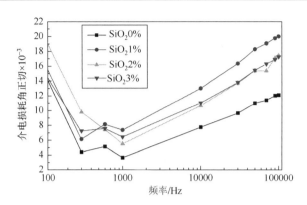

图 2.11　SiO$_2$/PES-EP 胶黏剂体系介电损耗角正切随频率变化曲线

在交变电场中，聚合物材料的 tanδ 除了与电场频率有关，还与电导率及大分子链的松弛有关。一方面，高分子材料中含有的微量导电载流子在电场作用下移动，因克服内摩擦力消耗部分电能，即产生电导损耗；另一方面，高分子链上的极性基团在电场的作用下产生取向极化，取向极化的松弛过程会产生介电损耗。由于 EP 的体积电阻率在 $10^{13} \sim 10^{14} \Omega \cdot m$ 数量级，由电导引起的损耗比较小，体系的 tanδ 主要由大分子链的松弛产生。固化后的 EP 交联密度大，分子间相互作用强，限制了极性基团的取向极化。加入纳米 SiO$_2$ 以后，体系中大量的羟基吸附在 SiO$_2$ 表面，使材料的极性增加，偶极松弛现象变强；并且，纳米 SiO$_2$ 的引入会带来一定的导电杂质，增加体系的极化能力。因此，随着纳米 SiO$_2$ 质量分数的增加，体系的 tanδ 变大。

第 3 章　BF/PU-EP 复合材料的制备及性能研究

EP 属于热固性高分子材料，具有许多优异性能，已广泛应用于各个领域。但 EP 本身还存在一些缺点，纯 EP 固化后呈三维交联网络结构，交联度很大，刚性强，质脆。另外，在固化过程中，EP 容易由于体积收缩而产生内应力，使得材料变形及强度下降，材料的性能受到很大的影响，在实际应用中也受到一定程度上的限制。因此在实际应用过程中必须对 EP 进行改性。玄武岩纤维（basalt fiber，BF）及其复合材料可以较好地满足航空航天、交通运输、建筑、石油化工、医学、电子、环保等军工和民用领域结构材料的需求，对国防建设等具有重大的推动作用。因此，连续 BF 被誉为 21 世纪的新材料，而以 BF 为增强体的复合材料也是当今科研工作者研究的重中之重[41, 42]。

以 PU 为增韧剂、BF 为增强体增韧 EP，在改善 EP 韧性的同时提高其耐热性和介电性能，从而达到提高其材料综合性能的目的。

3.1　改性 BF

分别采用硅烷偶联剂、浓硝酸改性 BF，经过表面改性后，其质量和微观形貌等都会有一定的变化，可用高温煅烧和 SEM 来测试 BF 改性前后质量和微观形貌的变化。

3.1.1　改性 BF 的制备

1. 硅烷偶联剂改性

硅烷偶联剂是在化学键理论基础上发展起来的用来提高基体与 BF 间界面结合的有效试剂。硅烷偶联剂是一类具有有机官能团的硅烷，在硅烷偶联剂的分子中同时具有两种官能团，即能与无机物发生反应的亲无机物基团及与有机基团发生反应的亲有机物基团。本次改性实验选用硅烷偶联剂 KH560。

用 KH560 处理 BF 后，纤维中的—OH 基团与 KH560 中的硅烷醇反应，形成共价键，使纤维表面的亲水性—OH 基团数量减少，BF 与 EP 基体间的浸润性能得到很大程度上的改善，纤维与基体间的界面结合力也得到提高，从而有效地改善了复合材料的力学性能。

经 KH560 改性后，BF 表面带上有机基团，因此质量会增加，故可用高温煅烧的方法使有机基团从纤维表面脱落，测量纤维质量的减少量，从而表征纤维经 KH560 改性后的有机化率。

2. 浓硝酸改性

将 BF 放入干净的烧杯中，加入丙酮，超声清洗取出，自然晾干；将 BF 分别置于烧杯中，加入等量的浓硝酸浸泡，时间分别为 15min、30min、45min 和 60min，取出并用丙酮清洗若干次，除去纤维表面残留的硝酸，即得改性 BF。

采用两种方法改性的 BF 煅烧前后的质量变化如表 3.1 所示。由表 3.1 中的数据可知，在煅烧前后，未改性 BF 和浓硝酸改性 BF 的质量都没有发生变化，而 KH560 改性 BF 的质量减少。理论上讲，在未改性 BF 表面会附带少许的有机物，这些有机物在高温煅烧下会脱离纤维表面，而使纤维的质量减少。而实验结果是，在煅烧前后未改性 BF 的质量并未发生变化。这可能是由于纤维表面携带的有机物量非常少，超过了实验过程中所用的分析天平的精密度，而未能测出这部分的质量变化；也可能是在高温条件下，纤维会与氧气发生反应而使质量增加，正好与减少的有机物的质量相当，结果是纤维的质量未发生变化。

表 3.1 BF 的质量变化

项目	未改性 BF		浓硝酸改性 BF		KH560 改性 BF	
煅烧前质量/g	0.213	0.18	0.313	0.212	0.263	0.255
煅烧后质量/g	0.213	0.18	0.313	0.212	0.261	0.253
质量减少量/g	0	0	0	0	0.002	0.002
质量减少百分比/%	0	0	0	0	0.76	0.78

经过浓硝酸改性后，BF 表面会带上极性基团，而纤维表面也会因为硝酸的腐蚀作用而变得粗糙不平，纤维的质量减少，再经过高温煅烧后，其质量应该不会发生改变，这与实验得出的结论一致。因此，用高温煅烧法不能测出浓硝酸对 BF 的腐蚀率，具体的测量方法还有待进一步研究。

经过 KH560 改性后，BF 表面带上有机基团，从而纤维的质量增加，KH560 中的有机基团与纤维表面的—OH 基团形成的共价键在高温煅烧的条件下会发生断裂，有机基团从纤维表面脱落，纤维质量减少。因此，可以用煅烧前后纤维质量减少的百分比来表征纤维的有机化率或腐蚀率。通过表 3.1 中的数据计算可以知道，高温煅烧前后，KH560 改性 BF 的质量平均减少了 0.002g，平均质量减少百分比为 0.77%。由此认为此实验中，BF 经偶联剂 KH560 改性后的有机化率为 0.77%。

3.1.2　改性 BF 的微观结构

1. 浓硝酸改性 BF

采用 SEM 观察表面改性前后 BF 的微观结构,测试结果如图 3.1 所示。图 3.1(a)～
(d)分别为处理时间 15min、30min、45min 和 60min 的 BF 的 SEM 图。经浓硝酸
改性后,BF 的表面呈现出凹凸不平的状态,粗糙度大大增加。浓硝酸对纤维表面
起到氧化作用,经浓硝酸氧化而产生的羧基、羟基和酸性基团等各种含氧极性基
团附着在纤维表面,使本比较光滑的纤维表面出现小的颗粒状固体。通过浓硝
酸改性后,BF 的表面积增大,增加了与树脂基体的接触面积,改善了纤维与基体
间的界面结合力,提高了复合材料的界面性能。对比不同处理时间的纤维 SEM 图
可以看出,在处理 15min 时,纤维表面还是比较光滑的,只出现了少数的颗粒状
固体,且颗粒较小。随着处理时间的延长,纤维表面黏附的颗粒不断增大、增多,
粗糙程度不断加大,比表面积也相应地增大。因此,适当地延长浓硝酸对纤维的
腐蚀时间,能有效提高纤维的表面粗糙度,增大表面积,使纤维与树脂基体的接
触面积增加,提高纤维与树脂基体间的界面结合力,纤维增强 EP 复合材料的力
学性能等也相应增强。

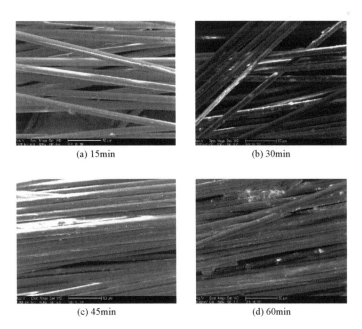

(a) 15min　　　　　　　　　　　(b) 30min

(c) 45min　　　　　　　　　　　(d) 60min

图 3.1　浓硝酸改性 BF 的 SEM 图

2. KH560 改性 BF

经 KH560 改性前后的 BF 的 SEM 图如图 3.2 所示。未改性 BF 表面比较光滑，而经 KH560 改性 BF 表面的粗糙度变大，并且出现附着物和小突起。这可能是由于 BF 经过 KH560 改性后，纤维表面的—OH 与 KH560 中的硅烷醇发生反应，使 BF 表面带上有机基团，这些基团附着在纤维的表面形成一层薄膜，使得纤维的宏观质量增加，这与用高温煅烧法测纤维的改性程度所得到的结果是一致的。KH560 与 BF 相互作用，使得纤维表面形貌改变，有利于提高复合材料的界面黏结强度。经过 KH560 改性后，BF 能够与 EP 更好地黏合在一起，进而提高了它的力学性能。

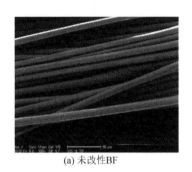 

(a) 未改性BF   (b) KH560改性BF

图 3.2　经 KH560 改性前后的 BF 的 SEM 图

3.2　纤维含量对 BF/PU-EP 复合材料性能的影响

3.2.1　力学性能

图 3.3 是 BF/PU-EP 复合材料抗剪强度与 BF 质量分数的关系曲线。从图 3.3 中看出，BF 质量分数对 BF/PU-EP 复合材料的力学性能影响较大。随着 BF 质量分数的增加，BF/PU-EP 复合材料的抗剪强度呈先增加后降低的趋势，在 BF 质量分数为 2%时，BF/PU-EP 复合材料的抗剪强度达到最大值，为 27.76MPa，比未添加 BF 时提高了 30.08%。当 BF 质量分数为 3%时，材料的抗剪强度有所降低，为 24.54MPa，比最大抗剪强度降低了 11.6%。

在 EP 基体中加入 BF 后，BF 均匀地分布在 EP 基体中。在共混过程中，由于受到各方面因素的影响，BF 产生了一定的取向，当复合材料受到外力作用，从基体传到 BF 时，力的作用方向会发生变化，即沿 BF 的取向方向传递。这种传递作

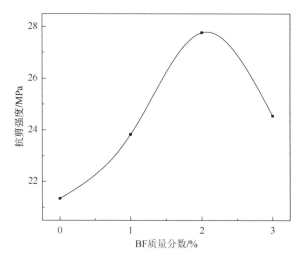

图 3.3　不同 BF 质量分数下 BF/PU-EP 复合材料的力学性能

用在一定程度上起到力的分散作用,即能量的分散作用,这就增强了材料承受外力作用的能力,宏观上显示为材料的抗剪强度大幅度提高[43]。当 BF 继续增加时,纤维与基体间的相容性变差,越来越多的 BF 很难和基体浸润,从而在复合材料中产生很多的弱黏结面。当复合材料受到外力的作用时,这些弱黏结面会发生脱附拔出现象,使力的传递作用在这些点上失去效用,不能对材料起到力学补强作用,从而使材料的性能下降。因此可以得出结论,在聚合物中引入 BF 在一定程度上能有效改善复合材料的力学性能[44],而纤维与基体间的界面性能直接影响了纤维对复合材料力学性能的增强程度。

3.2.2　耐热性

表 3.2 是 BF 质量分数不同时 BF/PU-EP 复合材料的热分解温度、失重 5%时的温度（T_d^5）和失重 10%的温度（T_d^{10}）的实验数据。

表 3.2　BF/PU-EP 复合材料的热分解温度

BF 质量分数/%	热分解温度/℃	T_d^5/℃	T_d^{10}/℃	T_d^{10} 与 T_d^5 之差/℃
0	380.34	344.76	364.92	20.16
1	385.29	332.21	370.31	38.10
2	387.59	327.69	369.44	41.75
3	392.25	329.11	377.21	48.10

　　图 3.4 为不同 BF 质量分数的 BF/PU-EP 复合材料的热失重曲线三维带状图。图中从前向后依次表示 BF 质量分数分别为 0%、1%、2% 和 3% 时复合材料的热失重曲线。

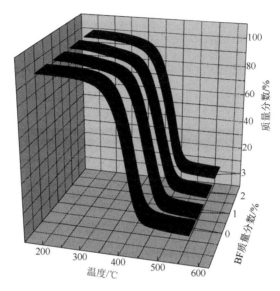

图 3.4　不同 BF 质量分数的 BF/PU-EP 复合材料热失重曲线三维带状图

　　综合表 3.2 和图 3.4 看出，在 EP 中掺杂 BF 后，材料的热分解温度会升高，即材料的耐热性会增强。随着 BF 质量分数的增加，材料的热分解温度提高，当 BF 质量分数为 3% 时，材料的热分解温度为 392.25℃，比未掺杂纤维时材料的热分解温度高 11.91℃。另外，随着 BF 质量分数的增加，T_d^{10} 与 T_d^5 之差加大，说明 BF 的加入更有助于提高复合材料耐高温性能，复合材料在高温条件下使用的时间会明显延长，证明了 BF 的加入对提高复合材料耐热性的作用。

　　复合材料的耐热性与各组分之间的结合力、界面性质等因素有关。BF 的主要成分是 SiO_2、Al_2O_3、CaO 等各种无机氧化物，这些氧化物本身具备较好的耐热性，这就决定了纤维本身具有较高的耐热性，而且 BF 的导热系数低，耐热分解能力强。因此，在 EP 基体中掺杂 BF 后，整个体系的热分解温度提高，即复合材料的耐热性得到增强。同时，在复合材料体系中，聚合物基体会和无机相之间发生化学反应，产生氢键及其他化学键，使聚合物的分子主链刚性增加，分子运动受到阻碍，很大程度上限制了分子链的热振动，使复合材料的耐热性得到提高。

　　因此，BF 的加入可以使材料的力学性能和耐热性有所提高，从而达到增强、增韧和提高耐热性的效果。

3.2.3　介电性能

1. 相对介电常数和介电损耗角正切

电性能是指高聚物中的分子在外电场作用下做出响应的现象[45]，主要包括介电性能、电导性能等。其中介电性能可以用相对介电常数和介电损耗角正切这两个主要参数表征，而电导性能可以用电阻率和介电击穿强度这两个参数表征。

相对介电常数（ε）可以衡量介质受到外电场作用下的极化程度，它反映了绝缘材料本体贮存电荷的能力。介质材料在外电场作用下会发生极化作用，根据极化机理，介质的极化又可以分为电子位移极化、原子位移极化、取向极化和界面极化等四类。

在聚合物中引入纤维后，会形成纤维/EP 基体界面，使复合材料的介电性能发生变化。BF 具有优异的介电性能，用表面处理剂处理后，BF 的介电损耗角正切比玻璃纤维还要低 50%，将其作为填料添加到 EP 基体中，能有效地改善复合材料的介电性能，因而把 BF 应用在绝缘材料的增强材料领域有着很好的发展前景。本实验分别采用 ZC-36 型高阻计和 Agilent4294A 型精密阻抗分析仪测试 BF 增强 EP 复合材料在 50Hz 和 $10^2 \sim 10^5$Hz 时的相对介电常数和介电损耗角正切。

图 3.5 为在测试频率为工频（50Hz）时，BF/PU-EP 复合材料的相对介电常数随 BF 质量分数的变化曲线图。BF/PU-EP 复合材料的相对介电常数随着 BF 质量分数的增加而呈增大的趋势。原因可能是 BF 中存在空位、填隙、杂质、位错以及孔洞等缺陷偶极矩。在外电场的作用下，这些缺陷发生移动，聚集在 BF 和 EP

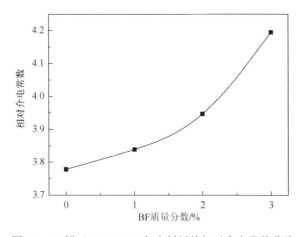

图 3.5　工频下 BF/PU-EP 复合材料的相对介电常数曲线

基体的界面，产生界面极化，使复合材料的相对介电常数增大[46]。随着 BF 质量分数的增加，界面极化作用累积，复合材料的相对介电常数增大。

图3.6为不同测试频率下BF/PU-EP复合材料的相对介电常数与频率之间的关系图。复合材料在 $10^2 \sim 10^5$ Hz 测试频率内的相对介电常数随着 BF 质量分数的增加而增大，而对于 BF 质量分数相同的复合材料，其相对介电常数随频率的增加而略有降低。

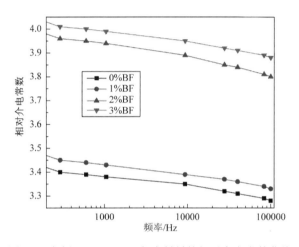

图3.6　变频下 BF/PU-EP 复合材料的相对介电常数曲线

根据介电物理学理论[47]，介质内通常存在电子位移极化、原子位移极化以及取向极化或偶极极化。而对于非均相介质，还有一种来自于其界面处的极化，它是电介质中的电子或离子在外电场的作用下聚集在界面处而产生的，称为界面极化。这几种极化行为的总和，在宏观物理学上可以用相对介电常数来表示。电介质的极化过程是从一种平衡态向另一种平衡态过渡的松弛过程，需要一定的极化时间。对于以上四种极化形式，其极化时间从长到短分别是界面极化、取向极化、原子位移极化、电子位移极化。当外电场频率较低时，上述四种极化过程都存在，对相对介电常数都有贡献。随着频率的增加，界面极化、取向极化和原子位移极化逐渐落后于外电场的变化，对相对介电常数的贡献不断减小，直到对外电场不再响应。在外电场频率很高时，电场的变化非常快。由于电子位移极化的极化时间非常短，它的变化行为非常快，只有电子位移极化能跟上外电场频率的变化，也就是说在高频率的外电场作用下，只有电子位移极化对介质的相对介电常数有贡献。因此，对于复合材料，其相对介电常数随着外电场频率的增加而降低。

图3.7 为在测试频率为 50Hz 时 BF/PU-EP 复合材料的介电损耗角正切随 BF

质量分数的变化曲线图。BF/PU-EP 复合材料的介电损耗角正切随着 BF 质量分数的增加而呈现逐渐增大的趋势。这是因为 BF/PU-EP 复合材料产生介电损耗的原因主要有两个：一是极性官能团的电导损耗，二是极性官能团的松弛损耗。一方面，BF 中含有 20%左右的导电氧化物，在 EP 中添加 BF 时，这些导电氧化物在外电场的作用下就会转换成能导电的载流子，这样就使体系中能导电的载流子数目增加，产生的电导电流增大，电导损耗也随之增大。另一方面，BF 的引入使体系形成了有机和无机界面，在两相的界面处存在大量的空位、悬键等缺陷，这就引起了电荷在界面处的分布变化，电荷通过运动聚集在界面的缺陷处形成界面极化，增大了电介质与电场的能量交换，从而使 BF/PU-EP 复合材料的介电损耗角正切呈现增大的趋势。此外，随着 BF 质量分数的增大，材料中存在的有机/无机界面数目增多，界面极化作用加强，材料的介电损耗角正切也变大。

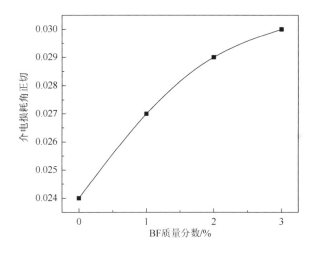

图 3.7　工频下 BF/PU-EP 复合材料的介电损耗角正切曲线

　　图 3.8 为在不同的测试频率下 BF/PU-EP 复合材料的介电损耗角正切曲线图。由图 3.8 可见，随着电场频率的不同，BF/PU-EP 复合材料的介电损耗角正切也发生了变化。当外电场频率较低（低于 1kHz）时，复合材料的介电损耗角正切较低；而在高频区（1~100kHz），复合材料的介电损耗角正切随频率的增加而增大。这是因为当外电场的频率很低时，电介质中各种极化都能跟上电场的变化，电介质不产生松弛损耗，此时的介电损耗角正切与外电场频率恒定时非常相近，几乎全由电导损耗贡献，所以在低频区，复合材料的介电损耗角正切较低。而随着电场频率的增大，由于电介质的内黏滞作用，极性基团的转向受到摩擦阻力的影响，取向极化跟不上而落后于外电场的变化，从而使电介质的介电损耗角正切增加。

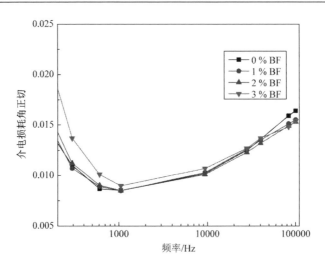

图 3.8　变频下 BF/PU-EP 复合材料的介电损耗角正切曲线

一般来说，影响复合材料的相对介电常数和介电损耗角正切的因素有很多，除了内在因素，还包括一些外在因素，如复合材料中含有的杂质、测试频率和测试温度等，都对复合材料的相对介电常数和介电损耗角正切有较大的影响。无机组分掺杂对复合材料的介电性能的影响比较复杂。复合材料的介电特性与填料本身的介电性能、尺寸、在材料中所占的体积分数以及基体材料等因素有关，相关的规律还有待进一步研究。

2. 击穿强度

电介质的击穿是指在外电场的作用下，当电场强度达到某一个数值时，电介质由介电状态变成导电状态的现象。这时的电场强度就称为击穿强度，也可以称为介电强度。高聚物固体电介质的击穿形式主要有电击穿和热击穿两种。

电击穿是指在外电场作用下，电介质中的导电电子从电场获得的能量大于与晶格碰撞消耗的能量。当这些能量不断积聚而达到碰撞电离所需的能量时，导电电子就会与晶格原子或离子发生碰撞，离解出新的电子，导致"雪崩"效应，使固体电介质发生击穿现象。热击穿是指固体电介质在强外电场的作用下，由于其中的介电损耗而产生热量，即电势能转换为热能，造成电介质内部的温度升高。当外电场强度越来越大时，电介质由介电损耗产生的热量就越来越多，散热与发热的热平衡状态会被打破，从而出现散热和发热的不平衡状态。如果产生的热量比散去的热量多得多，电介质的温度就会越来越高，最终导致固体电介质氧化、焦化以致击穿破坏。热击穿一般情况下都发生在材料散热情况不好的地方。聚合物击穿强度不仅取决于聚合物本身的结构，还与测试条件有关，如电极的形状和大小、升压速率、电场频率、温度和试样的厚度等。

　　图 3.9 是 BF/PU-EP 复合材料的击穿强度随着 BF 质量分数的变化曲线图。添加 BF 后，复合材料的击穿强度有所降低，而且 BF 质量分数越大，击穿强度就越低。当 BF 质量分数为 3%时，击穿强度达到一个极小值，为 16.54kV/mm。

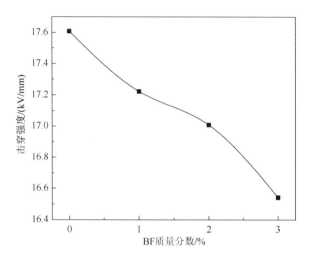

图 3.9　BF/PU-EP 复合材料的击穿强度

　　由复合材料的介电损耗角正切分析可知，当 EP 中加入 BF 后，体系的介电损耗角正切会增大。介电损耗本身就是在外电场的作用下，介质本身发热，消耗一部分电能而转化为热能，从而使能量损失的现象。因此，介电损耗的增大会使介质内部发出的热量增多，温度升高，打破发热和散热平衡的稳定状态，使击穿强度降低。BF 的引入会在无机相和有机相之间存在一定的缺陷，载流子随着 BF 质量分数的增加和界面增大而增多，在强电场的作用下，促使其做高速运动，产生大量的热量，使整个体系温度上升，恶性循环，致使击穿强度下降。同时，BF 质量分数的增加相应地阻碍了其在有机相中的分散程度，促使纤维发生聚集现象，造成电场在测试过程中发生局部集中现象，测试点处的温度过高，热量来不及传导出去，因此，在此点处出现热击穿现象。BF 中含有导电氧化物，这些氧化物在高压电场的作用下会发生电离，产生少量自由电子，在受到外加电场加速时获得动能后会沿电场的方向做高速运动，冲击高聚物，从而使高聚物产生新的载流子，这些新生载流子从电场获得能量，又一次和高聚物发生碰撞并激发更多的电子，此过程反复进行，新生电子如雪崩似的生长致使电流急剧上升，最后发生击穿。

3.3　纤维改性方法对 BF/PU-EP 复合材料性能的影响

BF 经过表面改性后，表面结构会发生变化，纤维与树脂间的界面性能也发生变化，从而使复合材料的性能发生改变。本节主要研究利用浓硝酸和 KH560 对 BF 表面改性后，对复合材料的力学性能和耐热性的影响。

3.3.1　力学性能

表 3.3 为 BF/PU-EP 复合材料的抗剪强度。

表 3.3　BF/PU-EP 复合材料的抗剪强度　　　　（单位：MPa）

BF 质量分数/%	未改性 BF	浓硝酸改性 BF	KH560 改性 BF
0	21.34	21.34	21.34
1	23.82	25.27	24.76
2	27.76	28.54	28.97
3	24.54	25.70	25.74

从表 3.3 中的数据可以看出，经过浓硝酸和 KH560 改性 BF 后，BF/PU-EP 复合材料的抗剪强度增大，即通过表面改性可以在一定程度上改善 BF/PU-EP 复合材料的力学性能。

BF 经浓硝酸改性后，在纤维表面会产生羧基、羟基、酸性基团等各种含氧极性基团，这些活性基团能有效提高基体与纤维表面的浸润性，使纤维与基体的界面结合力增大，进而提高了 BF/PU-EP 复合材料的层间抗剪强度。另外，经过浓硝酸改性后，纤维表面出现了凹凸不平的沟壑，粗糙度增大，BF/PU-EP 复合材料中这些凹凸不平的沟壑、小颗粒等会产生机械绞合力，使纤维和基体的键接能力增强，提高纤维与基体之间的界面结合力，增强材料的界面效应，使复合材料的抗剪强度增大。

偶联剂 KH560 的结构特点是分子中同时存在两个性质不同的基团：一个是能够与无机纤维发生化学反应的亲无机物基团；另一个是能和有机基体发生反应的亲有机物基团。在 EP 基体中引入经 KH560 改性的 BF 时，KH560 通过分子中两个性质不同的化学反应把 EP 和 BF 以化学键连接起来，起到架桥作用，使它们在相互接触的界面结合得更加牢固，当复合材料受到剪切应力作用时，应力就会沿着树脂-纤维黏接界面很好地传送到纤维上，使复合材料能承受的剪切应力变大，即增大了材料的抗剪强度。同时，KH560 中的亲无机物基团会与纤维表面的亲水性基团—OH 发生反应，使其数量减少，有效地促进基体与纤维表面完全浸润，提高界面结合能力，复合材料的抗剪强度也随之增大。

3.3.2　耐热性

图 3.10 为 BF/PU-EP 复合材料的热分解温度曲线图。经过 BF 表面改性后，BF/PU-EP 复合材料的热分解温度会产生一定程度上的变化。当 BF 质量分数相同时，经浓硝酸和 KH560 表面改性 BF 后，BF/PU-EP 复合材料的热分解温度升高。在 BF 质量分数都为 3%时，BF 表面处理后，BF/PU-EP 复合材料的热分解温度分别为 397.5℃和 396.77℃，比未改性 BF/PU-EP 复合材料的热分解温度（392.67℃）要高 4.83℃和 4.10℃。

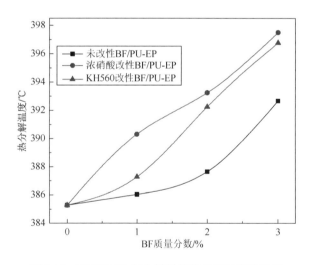

图 3.10　BF/PU-EP 复合材料的热分解温度曲线图

　　BF 经浓硝酸改性后，会产生羧基、羟基、酸性基团等各种含氧极性基团，这些基团会与 EP 基体中的羟基、环氧基等活跃基团发生反应，相互之间形成化学键，体系中的活性基团减少，刚性增加，高聚物分子链的运动受到限制，力学松弛时间变长，材料的耐热性增强。另外，这些活性基团附着在纤维表面形成了颗粒状的小突起，使 BF 原本光滑的表面变得凹凸不平，增大了纤维的表面积，增加了纤维与基体的接触面积，也在一定程度上限制了高聚物分子链的运动，进而提高了材料的耐热性。

　　在 EP 中掺杂偶联剂 KH560 改性的 BF 后，KH560 中的亲无机物基团与纤维表面的—OH 发生偶联反应，亲有机物基团与基体发生反应。KH560 在纤维和基体间起到桥梁作用，使纤维与基体间很好地键接，限制了 EP 分子链的热运动，在宏观上提高了体系的热分解温度，提高了材料的耐热性。

　　由此可以看出，无论是浓硝酸氧化还是偶联剂 KH560 处理，都改变了纤维的表面形貌，提高了纤维和 EP 基体的结合力，改善了复合材料的界面性能，从而提高了材料的热分解温度，提高了材料的耐热性。

第4章 TiO₂/PU-EP 复合材料的制备及性能研究

热固性 EP 是树脂基体材料领域中应用最早、最广泛的复合材料，几乎占先进复合材料中所有树脂基体材料总量的 90%。但未改性的 EP 在性能上的某些缺点使得其在很多重要领域的应用受到局限[47, 48]。采用 PU 作为增韧剂增韧 EP，同时添加经 KH550、KH560、KH570 及钛酸酯 201（TCA201）偶联剂改性过的纳米 TiO₂，制得 TiO₂/PU-EP 复合材料，两相界面的微结构起着决定纳米复合材料性能的重要作用，对其界面效应的讨论和研究将对纳米复合材料的发展具有一定的作用[49, 50]。在偶联剂的桥梁作用下，纳米粒子更加均匀地分散在 PU-EP 体系中，使得在 EP 脆性得到改善的同时其耐热性及力学性能得到提高，最终达到提高纳米复合材料综合性能的目的[51-53]。

4.1 TiO₂ 的改性及有机化程度

4.1.1 FT-IR 分析

根据 FT-IR 测试所得到的谱峰位置和强度，能提供材料定性和定量的信息，可推测出材料中所含的官能团以及主链结构等。采用 KH550、KH560、KH570、TCA201 偶联剂改性纳米 TiO₂ 和未改性纳米 TiO₂（分别为曲线 a、e、d、b 和 c）的 FT-IR 图如图 4.1 所示。

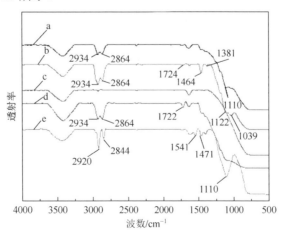

图 4.1　纳米 TiO₂ 的 FT-IR 图

由图 4.1 曲线 a 和 c 对比知，在 2864cm^{-1} 和 2934cm^{-1} 处出现 KH550 中 C—H 键的伸缩振动峰，在 1110cm^{-1} 处出现 Si—O 键的伸缩振动峰，这与 KH550 的结构相符。结果表明，偶联剂 KH550 与纳米 TiO$_2$ 表面的羟基基团发生耦合或连接，两者以化学键的形式结合在纳米 TiO$_2$ 的表面。

由图 4.1 曲线 b 和 c 对比知，在 2864cm^{-1} 和 2934cm^{-1} 处出现 TCA201 中 C—H 键的伸缩振动峰，在 1039cm^{-1} 处出现 P—O—P 键的弯曲振动峰，在 1724cm^{-1} 处出现 P—O—H 键的伸缩振动峰，在 1381cm^{-1} 处是—CH$_3$ 键的伸缩振动峰，在 1464cm^{-1} 处是 P═O 键的弯曲振动峰，在 1122cm^{-1} 处是 P—O—C 键的伸缩振动峰，这些共价键与 TCA201 中的共价键相符，证明 TCA201 接枝到纳米 TiO$_2$ 表面。

由图 4.1 曲线 c 和 d 对比知，在 2864cm^{-1} 和 2934cm^{-1} 处出现偶联剂 KH570 中 C—H 键的伸缩振动峰，在 1722cm^{-1} 处对应 C═O 键的伸缩振动峰，与 KH570 的结构相符，说明偶联剂接枝在纳米 TiO$_2$ 上。

由图 4.1 曲线 c 和 e 对比知，分别在 2844cm^{-1} 和 2920cm^{-1} 处出现偶联剂 KH560 中 C—H 键的伸缩振动峰，在 1110cm^{-1} 处出现 Si—O 键的伸缩振动峰，并且在 1471cm^{-1}、1541cm^{-1} 处出现 KH560 结构相对应的特征峰，可以直观看出偶联剂连接在纳米 TiO$_2$ 上。

4.1.2　SEM 分析

图 4.2（a）为未改性纳米 TiO$_2$ 的 SEM 图，图 4.2（b）～（e）分别为纳米 TiO$_2$ 经不同硅烷偶联剂和钛酸酯偶联剂 TCA201 改性后的 SEM 图，测试放大倍数均为 $4×10^4$ 倍，图中呈一定形态的白色颗粒区域为纳米 TiO$_2$。

由图 4.2（a）可知，纳米 TiO$_2$ 改性前的形态不规整，存在一定程度的团聚现象，很难看到单个的纳米 TiO$_2$。而经过不同偶联剂改性后，纳米 TiO$_2$ 被偶联剂均匀包覆，形成分散均匀并且相对光滑、平整的小球颗粒。这是由于未改性纳米 TiO$_2$ 表面存在大量的—OH 官能团，而—OH 官能团在氢键的作用下缔合在一起，从而使得未改性纳米 TiO$_2$ 团聚现象比较严重，但是经过偶联剂改性后纳米 TiO$_2$ 表面的羟基与偶联剂发生化学键合，使纳米 TiO$_2$ 表面羟基被有机链取代而减少。但在图 4.2（b）～（d）中仍然存在一定程度的团聚现象，图 4.2（e）中纳米 TiO$_2$ 团聚倾向明显减弱，这主要是因为经过 TCA201 改性后纳米 TiO$_2$ 的有机链相对较长，起到了一定的空间位阻作用，使得纳米 TiO$_2$ 之间的作用力减弱，进一步减少了团聚现象[54]。

由上可知：纳米 TiO$_2$ 经过 TCA201 改性后的效果更好，纳米 TiO$_2$ 分布更松

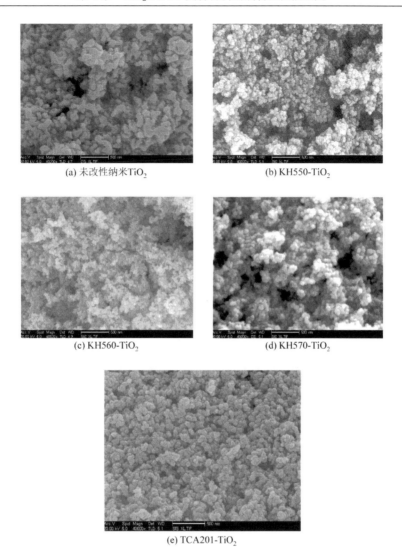

(a) 未改性纳米 TiO₂　　　　　　　　(b) KH550-TiO₂

(c) KH560-TiO₂　　　　　　　　(d) KH570-TiO₂

(e) TCA201-TiO₂

图 4.2　纳米 TiO₂ 的 SEM 图

散，将 TCA201 改性过的纳米 TiO₂ 添加到 EP 基体中，在偶联剂的桥梁作用下将使得 EP 的综合性能有较大的提高。

以上总结说明使用 TCA201 对纳米 TiO₂ 改性的方法可行，并且效果更好。

4.1.3　XRD 分析

X 射线衍射（X-ray diffraction，XRD）分析是以 X 射线在晶体中的衍射现象作为基础的。XRD 可以用于鉴别物相、判断离子掺杂、鉴别材料周期性、研究金属氧化物的物相随温度变化的趋势、研究负载型催化剂的活性物种表面分散的效果[55, 56]。本节采用 Y500 型 X 射线衍射仪分别对 TCA201 改性后的纳米 TiO_2 与 TiO_2/PU-EP 复合材料试样进行测试,研究复合材料中纳米 TiO_2 的结晶形态及组成以及复合材料在制备过程中组分的稳定性,测试结果如图 4.3 所示。

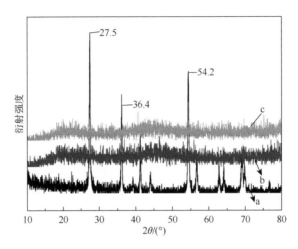

图 4.3　TiO_2/PU-EP 复合材料的 XRD 图

图 4.3 中,曲线 a 为 TCA201-TiO_2 的 XRD 图,曲线 b 和 c 分别为纳米 TiO_2 质量分数为 3%和 9%的 TiO_2/PU-EP 复合材料的 XRD 图。曲线 a 在 2θ 为 27.5°、36.4°和 54.2°出现了尖锐的结晶峰,通过与金红石型 TiO_2 标准谱图的峰值对比发现,谱峰位置基本吻合,可以说明此纳米 TiO_2 为金红石型纳米 TiO_2。曲线并未出现与锐钛矿型纳米 TiO_2 的特征峰相吻合的峰值,说明所购买的金红石型纳米 TiO_2 纯度较高,这保证了粒子性能的稳定。通过曲线 b、c 与曲线 a 的对比可以看出,曲线 b、c 中并没有出现尖锐的结晶峰,这是由于复合材料中的基体链段阻碍了纳米 TiO_2 的结晶。这说明借助超声作用,纳米 TiO_2 以无定形相分散在 TiO_2/PU-EP 复合材料中,在基体中并不是简单的物理混合,而是产生了化学键(或共价键的结合)。

4.1.4　TEM 分析

透射电子显微镜(transmission electron microscope,TEM)是材料显微组织结构的相位衬度技术,可以使几乎所有晶体材料的粒子串成像。所成的像通常用晶体的投影势来解释。这种像能够直观地看出晶体中局部区域的粒子配置情况,用于研究材料的微观结构和缺陷以及与性能之间的关系。

采用日本电子公司生产的 JEM-2100 型 TEM,在测试温度为 18℃、测试电压

为 120kV 时，对 TCA201 改性后的纳米 TiO₂ 进行测试及分析，以观察 TCA201
与纳米 TiO₂ 的连接情况以及分布情况，从而更加直观地判断出该改性方法是否可
行。样品的制备过程如下：取微量改性后的纳米 TiO₂ 置于 50mL 烧杯中，加入
15mL 甲苯溶液作为分散剂，超声分散 10min，静置至上层液澄清，利用铜网捞
取上层液一次，置于干燥器中干燥 24h，取出待测。

图 4.4 为纳米 TiO₂ 经 TCA201 改性后的 TEM 图，其中图 4.4（a）、（b）的放
大倍数分别为 4×10^4、8×10^4 倍。纳米 TiO₂ 为图中形状规则的大分子物质，TCA201
为连接纳米 TiO₂ 的絮状小分子物质。

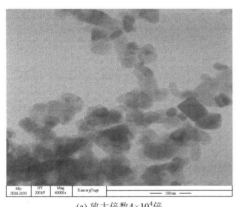 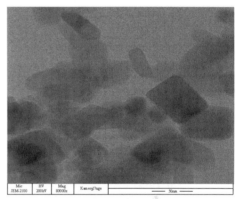

(a) 放大倍数 4×10^4 倍　　　　　　　　　　(b) 放大倍数 8×10^4 倍

图 4.4　TCA201 改性 TiO₂ 的 TEM 图

从图 4.4 中看出，纳米 TiO₂ 经 TCA201 改性后分散均匀，这主要是因为纳米
TiO₂ 表面的羟基大幅度减少，纳米 TiO₂ 之间的相互作用力大大减小，团聚现象明
显减弱。TiO₂ 粒径仍为纳米尺寸，并且均匀地接枝在 TCA201 的两端，说明纳米
TiO₂ 的有机化程度比较完全，TCA201 对纳米 TiO₂ 的改性方法及效果比较好，在
TCA201 的作用下可使 PU-EP 体系与纳米 TiO₂ 之间的连接性加强。所以将 TCA201
改性的纳米 TiO₂ 添加到 PU-EP 体系中，此时 TCA201 中的有机官能团与 EP 发生
化学键合，使纳米 TiO₂ 更好地分散在基体中，大大改善 TiO₂/PU-EP 复合材料的
综合性能。TEM 更直观地显示出纳米 TiO₂ 与 TCA201 的连接情况。

4.2　TiO₂/PU-EP 复合材料的微观结构

4.2.1　表面 SEM 分析

图 4.5（a）、（b）分别为纳米 TiO₂ 质量分数为 3% 和 7% 的 TiO₂/PU-EP 复合材料的

表面 SEM 图，放大倍数均为 5×10^3 倍。图 4.5（c）为 3%TiO$_2$/PU-EP 复合材料的击穿点反面 SEM 图，图 4.5（d）为 3%TiO$_2$/PU-EP 复合材料的击穿点正面 SEM 图，放大倍数均为 100 倍。

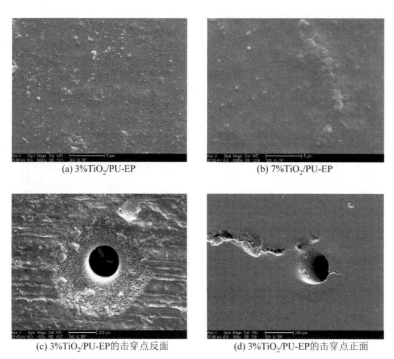

(a) 3%TiO$_2$/PU-EP　　　　　　　　　　　　(b) 7%TiO$_2$/PU-EP

(c) 3%TiO$_2$/PU-EP的击穿点反面　　　　　　　(d) 3%TiO$_2$/PU-EP的击穿点正面

图 4.5　TiO$_2$/PU-EP 复合材料的表面 SEM 图

由图 4.5（a）、（b）可以看出，图中白色亮点物质为纳米 TiO$_2$，有机相与无机相界面间无相分离现象，纳米 TiO$_2$ 在 EP 基体中分散均匀，表面无缺陷且光滑，但当纳米 TiO$_2$ 质量分数达到 7%时，纳米 TiO$_2$ 发生比较明显的团聚现象，被 EP 所包覆。随着纳米 TiO$_2$ 质量分数的增大，部分纳米 TiO$_2$ 发生团聚现象，所以纳米 TiO$_2$ 质量分数不能超过其临界值，要控制在一定的范围内，以免团聚现象影响复合材料的力学性能以及耐热性。由图 4.5（a）、（b）和图 4.5（c）、（d）对比可以看出，击穿前 TiO$_2$/PU-EP 复合材料并无明显现象，击穿后有大量的纳米 TiO$_2$ 析出，这是由于 TiO$_2$/PU-EP 复合材料在击穿后局部热量过高，耐热性相对较低的有机组分燃烧，耐热性较高的纳米 TiO$_2$ 析出。

4.2.2　断面 SEM 分析

采用 SEM 分析 TiO$_2$/PU-EP 复合材料的微观结构。图 4.6（a）、（b）分别是纳米 TiO₂ 质量分数为 3%、7%的 TiO₂/PU-EP 复合材料击穿前断面 SEM 图，图 4.6（c）、（d）分别是纳米 TiO₂ 质量分数为 3%、7%的 TiO₂/PU-EP 复合材料击穿后断面附近 SEM 图，放大倍数均为 5×10^3 倍。

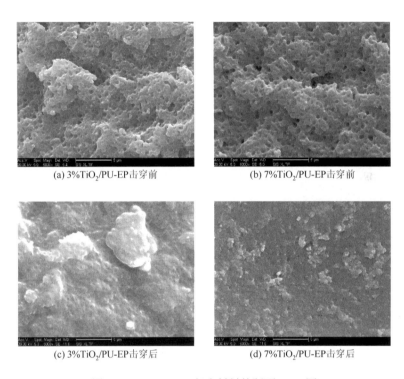

(a) 3%TiO₂/PU-EP击穿前　　　　　　　(b) 7%TiO₂/PU-EP击穿前

(c) 3%TiO₂/PU-EP击穿后　　　　　　　(d) 7%TiO₂/PU-EP击穿后

图 4.6　TiO₂/PU-EP 复合材料的断面 SEM 图

由图 4.6（a）、（b）对比可知，当纳米 TiO₂ 质量分数为 3%时，纳米 TiO₂ 比较均匀地分散在有机相 EP 中，在图 4.6（b）中出现亮点粒子，说明当纳米 TiO₂ 质量分数超过一定量时，由于氢键的相互作用，在基体中会发生一定的团聚现象。由图 4.6（a）、（b）可以看出，具有柔性分子链的 PU 与带有活性基团的 EP 之间通过化学键合嵌入 EP 的交联网络中，这种交联形成了"海岛式"结构。

由图 4.6（c）、（d）和图 4.6（a）、（b）对比可知，击穿后的"海岛式"结构被破坏，"岛屿"变得不清晰，这是因为在击穿过程中会产生一定的电能，并且电能会转化为热能，这些热量作用在 TiO₂/PU-EP 复合材料表面会使基体中耐热性较低的化学键断裂，其化学结构发生变化，从而破坏材料的微观结构，即击穿口附近"海岛式"结构被破坏。

4.2.3　能谱分析

图 4.7（a）为 3%TiO₂/PU-EP 复合材料击穿口处表面 SEM 图，图 4.7（b）为相应能谱图，3%TiO₂/PU-EP 复合材料中钛元素理论质量分数为 $48/80 \times 3\% = 1.80\%$。

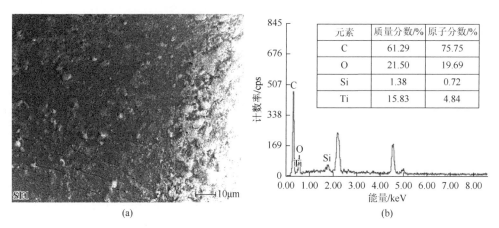

元素	质量分数/%	原子分数/%
C	61.29	75.75
O	21.50	19.69
Si	1.38	0.72
Ti	15.83	4.84

(a)　　　　　　　　　　　(b)

图 4.7　3%TiO₂/PU-EP 复合材料的击穿口 SEM 图及能谱图

从图 4.7（a）中可以看出，击穿口附近有大量白色物质析出；从能谱测试结果可以看出，钛元素质量分数为 15.83%（理论质量分数为 1.80%），比理论质量分数高 14.03 个百分点，这与此白色物质为纳米 TiO₂ 的事实相符，这是 TiO₂/PU-EP 复合材料发生击穿后局部热量过高导致耐热性较低的有机组分燃烧、耐热性较高的无机物大量析出所致。

4.2.4　AFM 分析

原子力显微镜（atomic force microscope，AFM）通过微小的探针来得到样品表面的信息。在针尖靠近样品的过程中，针尖会受到力的作用，这种作用会使悬臂发生偏转或者使振幅发生改变。检测系统检测到变化的悬臂转换成电信号后，传送到反馈系统和成像系统，用来记录所有探头扫描过程中的一些变化，最后得到样品表面的所有信息。

聚合物表面形貌观察是 AFM 的重要应用领域之一，且受到越来越多的重视。AFM 可以用于聚合物形貌、纳米结构、链堆砌和构象等方面的研究。其中，聚合物形貌可以通过接触模式 AFM 和共振模式 AFM 来研究，接触模式 AFM 研究形貌的分辨率与针尖和样品之间的接触面积有关[57-59]。一般来说，针尖与样品的接触尺寸为几纳米，接触面积可通过调节针尖与样品的接触力来改变，接触力越小，接触面积就越小，同时减小了针尖对样品的破坏。共振模式 AFM 以针尖轻轻敲击样品表面的方式成像，这大大减小了针尖对样品的形变或破坏[60, 61]。

图 4.8（a）、（b）分别为 TCA201 改性纳米 TiO₂ 质量分数为 3% 的 TiO₂/PU-EP 复合材料的 AFM 相图及高度图。

图 4.8 中浅色球形颗粒就是纳米 TiO₂，纳米 TiO₂ 均匀分散在 EP 体系中，两相区分明显，纳米 TiO₂ 粒度较小。当 EP 中引入纳米 TiO₂ 后，TiO₂/PU-EP 复合材料上形成许多超细的粒子，这些超细粒子即纳米 TiO₂ 无机相，由图 4.8 可以看出，有机连续相几乎将无机相完全隔开，EP 分子链阻碍了纳米 TiO₂ 的团聚。EP 与纳米 TiO₂ 形成均一相，EP 均匀包覆在纳米 TiO₂ 表面，形成类似交联的网状结构，均匀地分散在有机物之间。

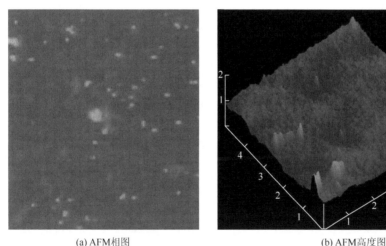
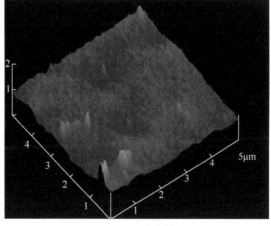

(a) AFM相图　　　　　　　　　　　　　(b) AFM高度图

图 4.8　3%TiO₂/PU-EP 复合材料的 AFM 图

纳米 TiO₂ 质量分数为 3% 的 TiO₂/PU-EP 复合材料的 AFM 相图及高度图的分析与 SEM 分析结果相印证，更加证明采用 TCA201 对纳米 TiO₂ 进行改性的方法可行，效果较好，使其在基体中分散均匀，复合材料的综合性能得到提高。

4.3　TiO₂/PU-EP 复合材料的性能

4.3.1　力学性能

TiO₂/PU-EP 复合材料抗剪强度与纳米 TiO₂ 质量分数的关系如图 4.9 所示。复合材料的抗剪强度随纳米 TiO₂ 质量分数的增加先上升后下降，当纳米 TiO₂ 质量分数达到 3%时，抗剪强度达到最大值，为 27.14MPa，比 PU-EP 体系的抗剪强度（22.13MPa）提高约 22.6%；当纳米 TiO₂ 质量分数超过 3%时，复合材料的抗剪强度下降，但纳米 TiO₂ 质量分数提高至 9%时的抗剪强度仍较 PU-EP 体系的抗剪强度高。

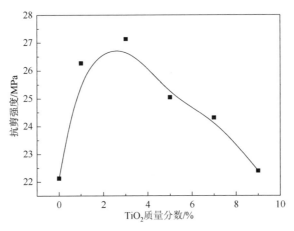

图 4.9　TiO₂/PU-EP 复合材料的抗剪强度

　　这一现象说明，纳米 TiO₂ 在聚合物基体中起到提高 TiO₂/PU-EP 复合材料力学性能的作用，主要原因是 PU-EP 基体和纳米 TiO₂ 增强体间形成了较强的界面，两相间的相互作用增强。另外，EP 与 TCA201 改性纳米 TiO₂ 作用，高聚物分子链上的—OH 和环氧基等活性官能团与纳米 TiO₂ 表面存在的—OH 等官能团发生化学键合反应，使纳米 TiO₂ 更加均匀地接枝在 PU-EP 基体上，EP 的内部结构在一定程度上发生了改变，并且纳米 TiO₂ 与 PU-EP 两相界面间的黏合程度得到了增强，借助偶联剂的桥梁作用，有利于纳米 TiO₂ 与 PU-EP 基体的应力传递。由于应力会使 PU-EP 基体与纳米 TiO₂ 两相界面间发生界面脱黏现象，TiO₂/PU-EP 复合材料的分子链产生纤维化，发生局部屈服，从而导致更多的能量消耗，需要破坏两相间的界面作用力，从而提高 TiO₂/PU-EP 复合材料的力学性能。

　　以上结果显示，当纳米 TiO₂ 质量分数为 3%时，纳米 TiO₂ 与 PU-EP 基体的相容性最好，纳米 TiO₂ 起到交联点的作用，抗剪强度最佳。但当纳米 TiO₂ 质量分数继续增加时，由于纳米 TiO₂ 具有较高的表面能以及较大的比表面积，在 PU-EP 基体的分子链与纳米 TiO₂ 的碰撞概率变大的同时，纳米 TiO₂ 本身的碰撞概率也增大，当纳米 TiO₂ 过量时，其在 EP 中不易分散，易产生团聚现象，导致应力集中点的产生，从而使 TiO₂/PU-EP 复合材料的力学性能下降，但仍较 PU-EP 基体的抗剪强度高。

4.3.2　黏弹性

　　动力学分析（dynamic mechanical analysis，DMA）是研究材料黏弹性的重要手段，它可测得材料的刚度和阻尼随温度、频率或时间的变化规律，且所需试样很少、测试时间短，并能在很宽的温度和频率范围内进行连续测试，对研究复合材料动态力学性能是十分有意义的[62, 63]。本节将采用 DMA 对 TiO₂/PU-EP 复合材料的黏弹性进行分析，分析其动态热力学性能及玻璃化转变温度。

　　TiO₂/PU-EP 复合材料的宏观物理性能是由其力学状态和热转变温度决定的，通过 DMA 的分析能够反映其内部分子运动，准确地检测其模量变化，研究其性能及应用范围。

　　图 4.10 为 TCA201 改性纳米 TiO₂ 质量分数为 3%的 TiO₂/PU-EP 复合材料的 DMA 图。图中，E_1 是储能模量，其与试样在每周期中储存的最大弹性成正比，反映了材料黏弹性中的弹性成分，表征材料的刚度；E_2 是损耗模量，与试样在每周期中以热的形式消耗的能量成正比，反映材料黏弹性中的黏性成分，表征材料的阻尼；tanδ 是损耗因子，等于损耗模量 E_2 和储能模量 E_1 之比，它的峰值位置所对应的温度即玻璃化转变温度 T_g。

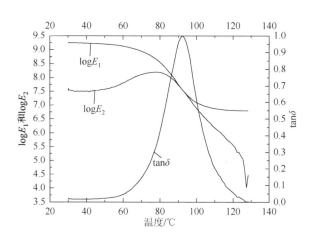

图 4.10　TiO₂/PU-EP 复合材料的 DMA 图

　　从图 4.10 中可以看出，TiO₂/PU-EP 复合材料的玻璃化转变温度为 92.4℃，并且在 20.0～86.3℃，E_1 曲线相对比较平缓，此时 TiO₂/PU-EP 复合材料为玻璃态，即此范围的 TiO₂/PU-EP 复合材料可以长期使用；但是在 86.3～100.7℃（即峰内），

E_1 曲线下降趋势较大，TiO_2/PU-EP 复合材料由玻璃态开始转变为橡胶态，即此时 TiO_2/PU-EP 复合材料不适用。

4.3.3　耐热性

TiO_2/PU-EP 复合材料在加热的作用下会发生熔融、软化等物理变化和分解、降解、交联、环化、氧化、水解等化学变化[64]。

本实验采用热重法测试经 TCA201 改性的 TiO_2/PU-EP 复合材料的热稳定性，纳米 TiO_2 质量分数分别为 0%、1%、3%、5%、7%、9%。不同纳米 TiO_2 质量分数的 TiO_2/PU-EP 复合材料的热分解温度、失重 5% 的热分解温度 T_d^5 和失重 10% 的热分解温度 T_d^{10} 分别列于表 4.1 中。

表 4.1　TiO_2/PU-EP 的热分解温度参数

试样	TiO_2 质量分数 /%	热分解温度/℃	T_d^5 /℃	T_d^{10} /℃	T_d^{10} 与 T_d^5 之差/℃
TiO_2/PU-EP	0	380.34	344.76	364.92	20.16
	1	392.38	334.53	369.70	35.17
	3	397.82	345.19	380.33	35.14
	5	392.50	337.56	372.72	35.16
	7	392.40	348.49	378.41	29.92
	9	388.14	348.48	377.72	29.24

从测试结果可知，TiO_2/PU-EP 复合材料的热分解温度随着纳米 TiO_2 质量分数的增加先上升后下降。当纳米 TiO_2 质量分数为 3% 时，热分解温度达到最高，为 397.82℃，较 PU-EP 基体的热分解温度提高了 17.48℃。虽然 EP 本身的耐热性已经很高，但是将热稳定性较好的纳米 TiO_2 添加到 PU-EP 基体中，在很大的程度上使 EP 的耐热性进一步提高。

由表 4.1 可看出，TiO_2/PU-EP 复合材料的 T_d^5 均比 PU-EP 体系高（除纳米 TiO_2 质量分数为 1%、5% 外），TiO_2/PU-EP 复合材料的 T_d^{10} 均高于 PU-EP 体系，特别是当纳米 TiO_2 质量分数达到 3% 时，T_d^{10} 达到最大，为 380.33℃，说明在纳米 TiO_2 质量分数达到 3% 时，纳米 TiO_2 的加入有助于提高 TiO_2/PU-EP 复合材料的耐热性。这与 SEM 分析得到的当纳米 TiO_2 质量分数为 3% 时，有机、无机两相相容性达到最好，互穿程度最大，提高复合材料耐热性的事实相吻合。

此外，表 4.1 中列出了 TiO_2/PU-EP 复合材料的 T_d^{10} 与 T_d^5 之差，随着纳米 TiO_2

质量分数的增加，T_d^{10} 与 T_d^5 之差较 PU-EP 体系的 T_d^{10} 与 T_d^5 之差都大，这也证明了纳米 TiO_2 的掺杂对提高 EP 的耐热性有一定的作用。

图 4.11 是不同纳米 TiO_2 质量分数的 TiO_2/PU-EP 复合材料的热失重曲线三维带状图，图中从前到后分别代表纳米 TiO_2 质量分数为 0%、1%、3%、5%、7% 和 9% 时 TiO_2/PU-EP 复合材料的热失重曲线。

综合表 4.1 和图 4.11 可知，纳米 TiO_2 的掺杂增强了 EP 的耐热性，TiO_2/PU-EP 复合材料的热稳定性随纳米 TiO_2 质量分数的增加先上升后下降。

影响 TiO_2/PU-EP 复合材料热分解温度提高的主要因素有：第一，纳米 TiO_2 作为刚性粒子，其耐热性较强，提高纳米 TiO_2 在 EP 基体中的质量分数，TiO_2/PU-EP 复合材料的耐热性必然增强；第二，TCA201 改性的纳米 TiO_2 的表面结构中带有羟基等活性官能团，而在 PU-EP 基体中也存在羟基、醚键和环氧基团等大量的活性官能团，两相的活性基团间形成了较强的交联作用，客观上阻碍了聚合物分子链的运动，这种作用增加了聚合物键断裂所需的键能，使 TiO_2/PU-EP 复合材料的耐热性增强；第三，纳米 TiO_2 是纳米级，具有较大的比表面积，与有机基体间接触面积较大，形成了较强的界面作用力，产生纳米效应，从而使 TiO_2/PU-EP 复合材料的热稳定性能提高；第四，当纳米 TiO_2 过量时，纳米 TiO_2 之间距离变小，容易出现团聚现象，使二次粒子尺寸增加，在聚合物基体中分散不均匀，界面结合强度大大降低，导致 TiO_2/PU-EP 复合材料的热稳定性降低。

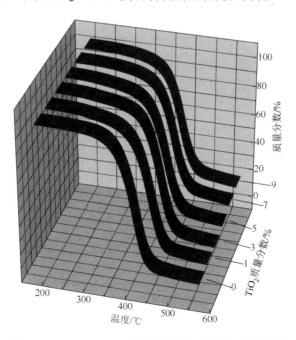

图 4.11　TiO₂/PU-EP 复合材料的热失重曲线三维带状图

因此,经 TCA201 改性的纳米 TiO_2 较好地分散于有机相中,可以使 TiO_2/PU-EP 复合材料的耐热性有所提高。

4.3.4　介电性能

1. 相对介电常数和介电损耗角正切

电性能是指聚合物分子在外加电场的作用下作出响应的现象[65]。

由于偶联剂的作用,纳米 TiO_2 与 EP 基体的表面形成良好的界面,使得 TiO_2/PU-EP 复合材料的介电性能发生变化。纳米 TiO_2 的电性能优异,将纳米 TiO_2 掺杂进高聚物中在使得 TiO_2/PU-EP 复合材料本身耐热性提高的同时介电性能也将会增大,但这并不影响 TiO_2/PU-EP 复合材料综合性能的提高及应用前景。

图 4.12 为 TiO_2/PU-EP 复合材料在测试电压为 100V、测试温度为室温、频率为 50Hz 时的相对介电常数(ε)和介电损耗角正切($\tan\delta$)与纳米 TiO_2 质量分数的关系曲线。

由图 4.12 可看出,TiO_2/PU-EP 复合材料的相对介电常数随着纳米 TiO_2 质量分数的增加而增大。其原因是随着纳米 TiO_2 质量分数的增大,TiO_2/PU-EP 复合材料中的极性官能团数目增多,在外加电场的驱使下,TiO_2/PU-EP 复合材料的极化程度有所增加,最终导致其相对介电常数增大。另外,当纳米 TiO_2 质量分数较小时,存在较强的界面效应,极性基团的质量分数较少,极化程度较低,因而相对介电常数较小;而当纳米 TiO_2 质量分数较大时,二次粒子尺度增加,界面效应降低,极性基团的极化作用较强,而使得相对介电常数略有增加。因此,随着纳米 TiO_2 质量分数的增加,TiO_2/PU-EP 复合材料的相对介电常数呈现单调上升趋势。

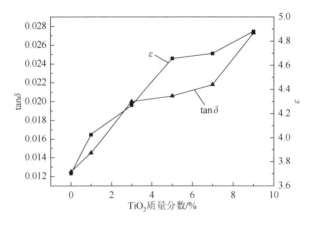

图 4.12　TiO_2/PU-EP 复合材料的 ε 和 $\tan\delta$ 曲线

由介电损耗角正切曲线可知，随着纳米 TiO₂ 质量分数的增加，介电损耗角正切增大。影响 TiO₂/PU-EP 复合材料介电损耗角正切的因素有两种：一种是极性官能团的电导损耗；另一种是极性官能团的松弛损耗。在外加电场的驱使下，TiO₂/PU-EP 复合材料的极性基团会产生极化作用，在外加电场消失的一瞬间，会发生松弛极化，最终导致介质的松弛损耗。此外，当纳米 TiO₂ 的质量分数增大时，TiO₂/PU-EP 复合材料中存在的导电载流子的数目也增多，在受到外加电场的影响时，载流子发生定向迁移运动，最终导致介质的热损耗现象发生。因此，在高压作用下，TiO₂/PU-EP 复合材料中纳米 TiO₂ 质量分数越大，其介电损耗角正切越大。

2. 体积电阻率和表面电阻率

纳米 TiO₂ 质量分数对 TiO₂/PU-EP 复合材料绝缘性能的影响主要取决于体积电阻率（ρ_v）和表面电阻率（ρ_s）。体积电阻率是指每单位体积上 TiO₂/PU-EP 复合材料的电阻；表面电阻率是衡量 TiO₂/PU-EP 复合材料表面形成的单位面积上电荷移动或电流流动难易程度的物理量，用这两个物理量可以对 TiO₂/PU-EP 复合材料的绝缘性能进行综合性的评价。图 4.13 为 TiO₂/PU-EP 复合材料的体积电阻率和表面电阻率随纳米 TiO₂ 质量分数的不同而改变的曲线[54]。

经 TCA201 改性的纳米 TiO₂ 表面含有可以与 PU-EP 基体连接的活性官能团，使得纳米 TiO₂ 与 PU-EP 两相分子链连接紧密，在相当程度上，相当于两相的相容性增加，交联度随之提高，使 TiO₂/PU-EP 复合材料的自由体积减小，载流子的迁移率受到限制，最终导致 TiO₂/PU-EP 复合材料的体积电阻率和表面电阻率降低。虽然没有超过 PU-EP 体系的电阻率，但 TiO₂/PU-EP 复合材料的电阻率仍在 $10^{13} \sim 10^{14} \Omega \cdot m$ 量级，因此最终可以确定 TiO₂/PU-EP 复合材料是电阻率较高的绝缘材料。

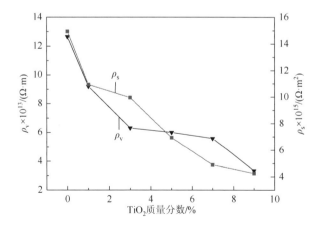

图 4.13　TiO₂/PU-EP 复合材料的体积电阻率和表面电阻率

3. 击穿强度

电介质的击穿是指在外加电场驱动的作用下，当外加电场的强度达到某数值时，电介质由介电转变成导电状态的现象。把此时此刻的电场强度称为击穿强度，也称为介电强度。对于高聚物固体电介质，击穿形式主要分为热击穿和电击穿两种。

在硅油环境，以圆柱不锈钢平板电极作为测试电极，TiO₂/PU-EP 复合材料的击穿强度与纳米 TiO₂ 质量分数的关系曲线如图 4.14 所示。

由图 4.14 可以看出，TiO₂/PU-EP 复合材料的击穿强度均比 PU-EP 体系有所下降，这是因为当 EP 中加入纳米 TiO₂ 后，介电损耗会增大，介电损耗本身就是电介质在外电场的作用下，介质本身会发热，会消耗一部分电能而转化为热能，从而使能量损失的现象。因此，介电损耗的增大，会使介质内部发出的热量增多，温度升高，打破了发热和散热平衡的稳定状态。此外，纳米 TiO₂ 具有半导体的性能，其电导率随温度的上升而迅速增加，而且对缺氧环境非常敏感，使击穿强度降低。

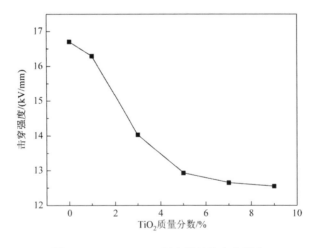

图 4.14　TiO₂/PU-EP 复合材料的击穿强度

另外，TiO₂/PU-EP 复合材料固化的过程中会加剧纳米 TiO₂ 二次团聚的现象，这会导致电场的畸形变化和比较集中的现象，局部区域测试点处的温度相对于其他地方的温度稍高，使得这部分热量没能很好地散发出去，最后导致在测试点上发生热击穿；而且，将纳米 TiO₂ 加到 PU-EP 体系中，在两相的界面间存在一定的相容性问题，这使得 TiO₂/PU-EP 复合材料中存在一些微小的气泡和缺陷，随着纳米 TiO$_2$ 质量分数的增加，这些缺陷增加，综合多方面的因素，TiO$_2$/PU-EP 复合材料的击穿强度下降。由上面结论得出，当纳米 TiO$_2$ 的质量分数为 3%时，TiO$_2$/PU-EP 复合材料的力学性能和耐热性均达到最大，而此时的击穿强度为 14.03kV/mm。

以上说明，经 TCA201 改性后，当纳米 TiO$_2$ 质量分数为 3%时，TiO$_2$/PU-EP 复合材料的力学性能和耐热性都得到不同程度的提高，只是相对介电常数、介电损耗角正切有所增加，体积电阻率和表面电阻率呈现下降趋势，击穿强度有所下降。

第5章　SiO$_2$-Al$_2$O$_3$/PU-EP 复合材料的制备及性能研究

EP 具有良好的性能，因而可以使用在各个领域中。在创新科技领域和一般技术领域、国防军事工业和民用工业，以及我们的平日生活里都可以看到 EP[27]。EP 在应用配方及成型方法上具有多样性和灵活性，这些特性使它在众多高分子材料中脱颖而出。EP 的改性方法、固化机理和产物结构、产品性能等相对于产品合成更具有研究价值，成就更大。未经改性的 EP 在性能上有很多缺陷，这些缺陷使其在应用上受到很大限制[47, 48]。以 EP（E51）为基体，以 PU 为增韧剂，选择经 KH550 改性的 Al$_2$O$_3$ 和经 KH560 改性的 SiO$_2$ 这两种不同比例的无机组分，制备黏度和性能适宜的 SiO$_2$-Al$_2$O$_3$/PU-EP 复合材料。在不同偶联剂的作用下，纳米粒子可以均匀地分散在 PU-EP 基体中，最终达到提高纳米复合材料综合性能的目的[66-68]。用 Al$_2$O$_3$、SiO$_2$ 两种纳米粒子来改性 EP，利用不同形态纳米粒子的互补性[69]，可改善材料的综合性能，并弥补对材料某一性能的副作用，赋予材料优异的性能，能够使其性能得到全面的提高。

5.1　SiO$_2$-Al$_2$O$_3$/PU-EP 复合材料的微观结构

5.1.1　FT-IR 分析

FT-IR 普遍应用于鉴别高聚物、有机物和其他一些复杂结构的物质，包括天然及人工合成的复杂产物，是表征化学结构和物理性质的一种重要手段[47, 49]。

1. 纳米 SiO$_2$ 的 FT-IR 分析

图 5.1 为纳米 SiO$_2$ 的 FT-IR 图。

图 5.1 中，811cm^{-1} 和 1105cm^{-1} 附近分别代表 Si—O 键对称与不对称伸缩振动峰，曲线 b 中 811cm^{-1}、1638cm^{-1}、3420cm^{-1} 附近的 Si—O—H 伸缩振动峰均明显减弱，说明纳米 SiO$_2$ 经偶联剂 KH560 改性后，其表面—OH 减少，并且曲线 b 中 1105cm^{-1} 附近的峰形状变尖，应该是 SiO$_2$ 中的 Si—O—Si 与偶联剂 KH560

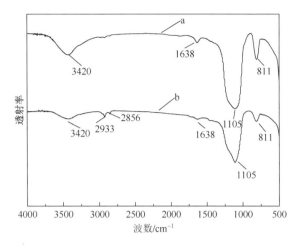

图 5.1　偶联剂改性 SiO₂ 的 FT-IR 图

中的 Si—O—Si 相互作用导致。曲线 b 中 2933cm⁻¹ 及 2856cm⁻¹ 是—CH₂ 与—CH₃
中 C—H 对称及不对称伸缩振动峰。硅烷偶联剂 KH560 有效地接枝在纳米 SiO₂
的表面。

2. 纳米 Al₂O₃ 的 FT-IR 分析

图 5.2 中，曲线 a 为未经偶联剂改性的纳米 Al₂O₃，曲线 b 为经偶联剂 KH550
改性的纳米 Al₂O₃。曲线 a 和 b 在 3440cm⁻¹、1630cm⁻¹、742cm⁻¹ 附近具有吸收
峰，742cm⁻¹ 附近是六配位 Al—O 伸缩振动峰，3440cm⁻¹ 附近是—OH 伸缩振
动峰。曲线 b 中 3440cm⁻¹ 附近的伸缩振动峰明显增大，说明纳米 Al₂O₃ 表面和
KH550 的 Si—OH 形成羟基二聚体，与 KH550 中 N—H 伸缩振动峰重叠。相对
于曲线 a，曲线 b 中产生了一系列新的吸收峰，2929cm⁻¹ 及 2866cm⁻¹ 附近出现
的 C—H 伸缩振动峰对应—CH₂—双肩特征峰，1109cm⁻¹ 附近出现 Si—O 伸缩
振动峰，780~590cm⁻¹ 内 Al—O 弯曲吸收峰及 1109cm⁻¹ 处 Si—O 弯曲振动峰
的偏移说明 Si—O—Al 的存在[70]。硅烷偶联剂 KH550 有效地接枝在纳米 Al₂O₃
的表面。

3. SiO₂-Al₂O₃/PU-EP 复合材料的 FT-IR 分析

图 5.3 为 SiO₂-Al₂O₃/PU-EP 复合材料的 FT-IR 图，曲线 a 是未填加纳米粒子
的 PU-EP 基体，曲线 b 为 SiO₂-Al₂O₃/PU-EP 复合材料，其中 SiO₂ 和 Al₂O₃ 的质量
分数比为 4.5∶5.5。

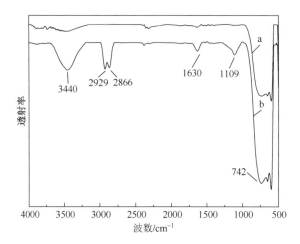

图 5.2 偶联剂改性 Al₂O₃ 的 FT-IR 图

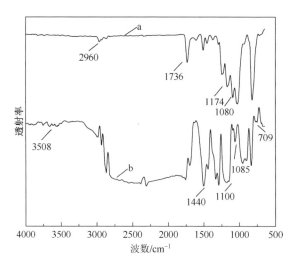

图 5.3 SiO₂-Al₂O₃/PU-EP 复合材料的 FT-IR 图

如图 5.3 所示，曲线 a 中 910cm⁻¹ 左右是环氧基的伸缩振动峰，在 910cm⁻¹ 附近的特征峰几乎消失，因此 EP 达到完全固化的程度。2960cm⁻¹ 附近是饱和的 C—H 伸缩振动峰。1736cm⁻¹ 附近为氨酯键中羰基伸缩振动峰，是因为基体中的—OH 和异氰酸酯基团（—NCO）发生反应，生成氨酯基团（—NHCOO）。1174cm⁻¹ 和 1080cm⁻¹ 附近为 C—O—C 伸缩振动峰，可以说明 EP 基体中的环氧基团和 PU 中的异氰酸酯基团发生了化学反应。这种两相之间的化学键交联有利于提高其相容性，起到了增韧的目的。在曲线 b 中，3508cm⁻¹ 附近出现了羟基弯曲振动峰，1440cm⁻¹ 左右处为碳氢键伸缩振动峰，1100cm⁻¹ 左右为 Si—O—Al 伸缩振动峰，说明经偶联剂改性的纳米粒子分散效果较好。1085cm^{-1} 左右为 Si—O—Si 伸缩振动峰，说明 SiO₂ 分散到了基体中。709cm^{-1} 左右为 Al—O 特征吸收宽峰，说明 Al₂O₃ 掺杂到了基体中。

5.1.2　SEM 分析

1. SiO₂ 的 SEM 分析

图 5.4 为纳米 SiO₂ 的 SEM 图，放大 4×10^4 倍。图 5.4（a）为未经改性的纳米 SiO₂，图 5.4（b）为经偶联剂 KH560 改性后的纳米 SiO₂。图 5.4（a）中可以清晰地看到，未经改性的纳米 SiO₂ 结构较为紧密，呈聚集态，有团聚现象，形状不规则，看不到单个的粒子。图 5.4（b）中可以明显看到，改性后的粒子分散较为均匀、松散。这是因为偶联剂改性可以使 SiO₂ 表面的—OH 与偶联剂的官能团反应，有机分子链接枝到粒子表面，使氢键的缔合作用减弱，减少了团聚现象，改性效果较好。

(a) SiO₂　　　　　　　　　　　(b) KH560-SiO₂

图 5.4　纳米 SiO₂ 的 SEM 图

2. Al₂O₃ 的 SEM 分析

图 5.5 是改性前后纳米 Al₂O₃ 的 SEM 图，放大 4×10^4 倍。图 5.5（a）为未经改性的纳米 Al₂O₃，图 5.5（b）为经偶联剂 KH550 改性后的纳米 Al₂O₃。图 5.5（a）中的纳米 Al₂O₃ 形态不规则，有团聚现象，大块堆积，团聚后的尺寸较大。图 5.5（b）中能明显观察到，经偶联剂改性后的粒子分散较为均匀、松散。原因是未经偶联剂改性纳米粒子表面的羟基缔合，在氢键的作用下接枝，最终导致粒子之间的团聚。经 KH550 改性后的纳米 Al₂O₃ 的表面被偶联剂包覆，相对光滑和平整，结构较为松散的粒子的分散性有了显著的提高，防止了团聚现象的产生。

(a) Al$_2$O$_3$　　　　　　　　　　　　　　　(b) KH550-Al$_2$O$_3$

图 5.5　纳米 Al$_2$O$_3$ 的 SEM 图

3. SiO$_2$-Al$_2$O$_3$/PU-EP 复合材料的 SEM 分析

用 SEM 对 SiO$_2$-Al$_2$O$_3$/PU-EP 复合材料断面的微观结构进行观察，测试结果如图 5.6 所示。图 5.6（a）是未填加纳米粒子的 PU-EP 基体，图 5.6（b）～（d）中添加了纳米粒子，并且纳米 SiO$_2$ 和 Al$_2$O$_3$ 的质量分数比分别为 1∶9、4.5∶5.5、7∶3，均放大 $5×10^3$ 倍。

用弹性体 PU 对 EP 改性处理，在其冷却固化时，PU 颗粒与 EP 基体之间界面的结合性较好，但会受到流体静拉力。当受到外界负荷时，尖端的裂纹就会受到应力的作用。此时流体静拉力和应力这两种力共同作用，导致 PU 颗粒或 PU 的内部与 EP 之间的良好界面结合产生破裂，这种破裂会形成孔洞[71-73]。这些孔洞起到了很好的缓冲作用，减小了裂纹前端的应力，同时增加了 PU 内的应力集中，并诱发 PU 颗粒之间的 EP 基体的局部剪切屈服，导致裂纹尖端的钝化，降低 EP 基体中的应力集中，进而达到增韧的效果。

图 5.6（a）中没有添加无机纳米粒子，界面比较平整、光滑，其中较为平整的区域为 EP 基体，PU 颗粒与 EP 基体在固化过程中因界面破裂产生孔洞，形成"海岛式"结构。图 5.6（b）中纳米 SiO$_2$ 与 Al$_2$O$_3$ 的质量分数比为 1∶9，无机纳米粒子在"海岛式"结构中分散较为均匀，纳米 SiO$_2$ 的质量分数较小，引入经偶联剂处理的纳米 SiO$_2$，纳米粒子表面带有较活跃的基团，与基体有较好的相容性，无机相和有机相发生渗透，形成良好的界面层[68]。形成的界面层在两相之间可以传递应力，这种作用可以很大程度地提高复合材料的力学性能。图 5.6（c）中纳米 SiO$_2$ 与 Al$_2$O$_3$ 的质量分数比为 4.5∶5.5，较平整区域为 EP 基体即连续相，图中"海岛式"结构比较明显，孔洞中的颗粒为无机纳米粒子，且纳米粒子在孔洞中

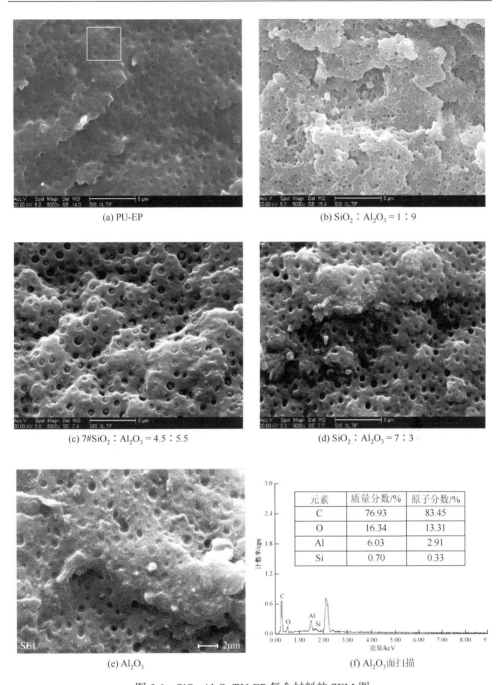

(a) PU-EP

(b) SiO$_2$：Al$_2$O$_3$ = 1：9

(c) 7#SiO$_2$：Al$_2$O$_3$ = 4.5：5.5

(d) SiO$_2$：Al$_2$O$_3$ = 7：3

(e) Al$_2$O$_3$

元素	质量分数/%	原子分数/%
C	76.93	83.45
O	16.34	13.31
Al	6.03	2.91
Si	0.70	0.33

(f) Al$_2$O$_3$面扫描

图 5.6　SiO$_2$-Al$_2$O$_3$/PU-EP 复合材料的 SEM 图

分散效果最好。图 5.6（d）中 SiO$_2$ 和 Al$_2$O$_3$ 的质量分数比为 7：3，可以看到灰白色的亮点，这些亮点为纳米 SiO$_2$ 和 Al$_2$O$_3$。图 5.6（e）为添加纯 Al$_2$O$_3$ 的复合材料，图 5.6（f）为其对应的能谱分析图，Al_2O_3 质量分数为 10% 的复合材料中铝元素的理论质量分数为 $54/102 \times 10\% = 5.29\%$，实际测得的铝元素质量分数为 6.03%，说明无机纳米粒子产生了团聚。纳米粒子互相碰撞的可能性增大，纳米粒子较容易产生团聚。并且内部会产生较多的结构缺陷，最终导致应力不集中，集中点分散，降低材料的综合性能。以上结论说明，无机粒子在有机相中的分散程度与粒子添加的种类以及质量分数有很大关系。根据 SEM 可以综合分析出纳米 SiO_2 和 Al_2O_3 的质量分数影响其在 PU-EP 基体中的分散情况。

5.1.3　TEM 分析

1. SiO_2-Al_2O_3 的 TEM 分析

图 5.7 为纳米 SiO_2 和 Al_2O_3 的质量分数比为 4.5：5.5 时掺杂在一起的 TEM 图。纳米 SiO_2 呈圆形结构，并且形状不规则，纳米 Al_2O_3 为多边形结构。但图 5.7 中看不到纳米 Al_2O_3 所特有的多边形结构，且纳米 SiO_2 的圆形结构也有所改变，这说明纳米 Al_2O_3 和 SiO_2 之间产生了相互作用，这种相互作用的分子力让两种粒子很好地键合在一起。

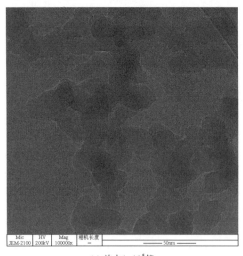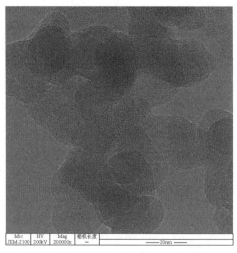

(a) 放大 1×10^5 倍　　　　　　　　　　(b) 放大 2×10^5 倍

图 5.7　纳米 SiO_2 与 Al_2O_3 质量分数比为 4.5：5.5 的 TEM 图

2. SiO_2-Al_2O_3/PU-EP 复合材料的 TEM 分析

图 5.8 为 SiO_2-Al_2O_3/PU-EP 复合材料的 TEM 图，其中纳米 SiO_2 和 Al_2O_3 的质量分数比为 4.5：5.5。

图 5.8（a）和（b）中，相对平整的区域是 EP 基体即连续相，白色物质为掺杂的 PU。PU 颗粒和 EP 基体在固化过程中因界面破裂产生孔洞，形成"海岛式"结构。可以看到 PU 与 EP 之间并没有明显的界面，说明两者存在化学反应并较好地融合在一起，且 PU 在 EP 基体中分散较均匀，作为受力点将所受外力均匀分散开来，起到增韧补强作用[74]。图 5.8 中的"海岛式"结构比较明显，可以清晰地看到黑点，此黑点为纳米 SiO₂ 和 Al₂O₃，并且两种纳米粒子在"海岛式"结构中分散较为均匀。这与 SEM 图相符。

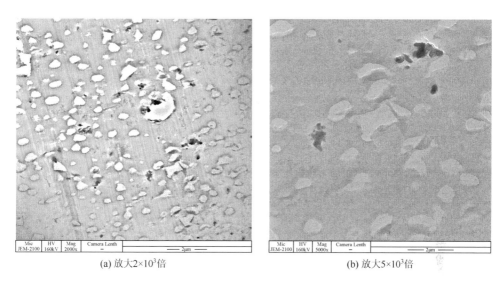

(a) 放大2×10³倍　　　　　　　　　　　　(b) 放大5×10³倍

图 5.8　SiO₂-Al₂O₃/PU-EP 复合材料的 TEM 图

5.1.4　AFM 分析

图 5.9（a）和（b）为纳米 SiO₂ 和 Al₂O₃ 质量分数比为 4.5：5.5 时复合材料的 AFM 图，图 5.9（c）和（d）为纳米 SiO₂ 和 Al₂O₃ 质量分数比为 7：3 时复合材料的 AFM 图。

图 5.9（a）和（b）中深色区域为连续相 PU-EP 基体，突出相或白点为纳米粒子，纳米粒子的粒度较小，均匀地分散在 PU-EP 基体中。图 5.9（c）和（d）中表面比较粗糙，纳米粒子的亮点浮现且尺寸较大，出现较多的粒子团聚现象，分布不均匀，说明当纳米 SiO₂ 质量分数逐渐增大时，加剧了纳米粒子的团聚现象，界面之间的相容性降低。

纳米 SiO₂ 和 Al₂O₃ 质量分数比为 4.5：5.5 时，复合材料的 AFM 图分析与前面的 SEM 图和 TEM 图分析结果相印证，说明在纳米粒子总质量分数不变的前提下，在纳米 SiO₂ 和 Al₂O₃ 的比例适宜时，纳米 SiO₂ 和 Al₂O₃ 在基体中分散效果较好，改善了 SiO₂-Al₂O₃/PU-EP 复合材料的综合性能。

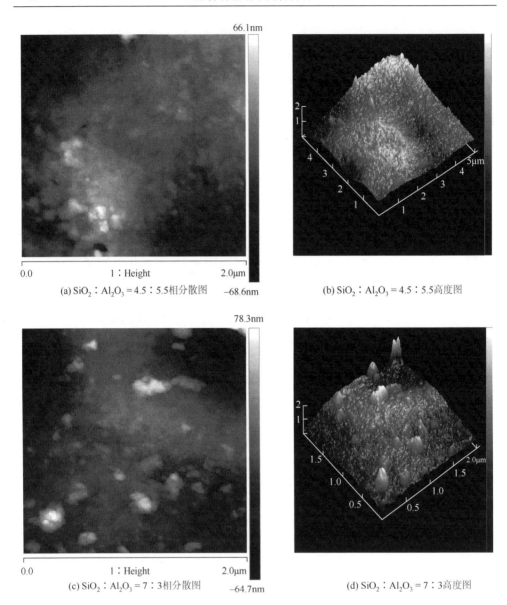

(a) SiO_2：Al_2O_3 = 4.5：5.5相分散图

(b) SiO_2：Al_2O_3 = 4.5：5.5高度图

(c) SiO_2：Al_2O_3 = 7：3相分散图

(d) SiO_2：Al_2O_3 = 7：3高度图

图 5.9　SiO_2-Al_2O_3/PU-EP 复合材料的 AFM 图

5.1.5　XRD 分析

1. 纳米粒子的 XRD 分析

图 5.10 为纳米粒子的 XRD 曲线（曲线 a 为纳米 SiO_2，曲线 b 为纳米

Al₂O₃）。可以看出，纳米 SiO₂ 的 XRD 曲线无尖锐衍射峰，在 22°处有较宽的弥散峰，表明纳米 SiO₂ 是无定形结构。纳米 Al₂O₃ 的 XRD 曲线在 2θ 为 25.5°、35°、43.2°和 57.4°等处出现衍射峰，这与 α-Al₂O₃ 标准图谱峰值（JCPDS，No. 10.0517）一致，可以说明 α-Al₂O₃ 具有较高的纯度。

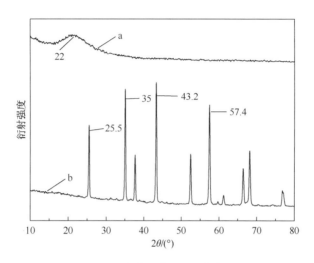

图 5.10　纳米粒子的 XRD 曲线

据谢乐（Scherrer）公式 $d = 0.89\lambda/(\beta\cos\theta)$〔其中，$\lambda$ 为波长，为 0.154nm；β 为半峰宽，在计算过程中要将角度换算成弧度（1° = π/180rad）；θ 为衍射角〕，可计算出晶粒的尺寸，取多条低角度 XRD 线（$2\theta < 50°$）来计算，再计算平均粒径，得出 α-Al₂O₃ 的平均粒径为 30nm，这与所购粒子的质量检测报告一致。Al₂O₃ 具有多种晶型，α-Al₂O₃ 结构最为稳定，具有化学稳定性好、纯度高、耐酸碱性好、绝缘性好、机械强度大和耐磨耐冲击等优点，有利于提高复合材料的热稳定性和抗侵蚀性能。

2. SiO₂-Al₂O₃/PU-EP 复合材料的 XRD 分析

图 5.11 是 SiO₂-Al₂O₃/PU-EP 复合材料的 XRD 图。曲线 a 为添加纯纳米 Al₂O₃ 的 XRD 曲线；曲线 e 为添加纯纳米 SiO₂ 的 XRD 曲线；曲线 b、c 和 d 中纳米 SiO₂ 和 Al₂O₃ 的质量分数比分别为 3∶7、4.5∶5.5 和 7∶3。曲线 a 中 2θ 在 25.7°、35.3°、43.5°和 57.6°出现了特征峰；曲线 b、c 和 d 中 Al₂O₃ 的 XRD 峰随着纳米 Al₂O₃ 质量分数的减小而逐渐减弱；曲线 e 中 2θ 在 20°处仅呈现一个较宽的弥散峰，纳米 SiO₂ 具有无定形结构。

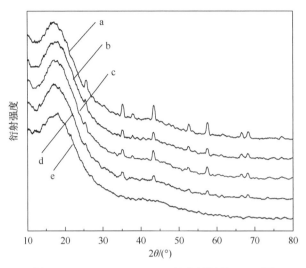

图 5.11　SiO$_2$-Al$_2$O$_3$/PU-EP 复合材料的 XRD 图

5.2　SiO$_2$-Al$_2$O$_3$/PU-EP 复合材料的性能

5.2.1　耐热性

　　表 5.1 为经添加不同比例的纳米粒子（总质量分数为 10%）的 SiO$_2$-Al$_2$O$_3$/ PU-EP 复合材料的热分解温度、热失重 5% 的热分解温度（T_d^5）和热失重 10% 的热分解温度（T_d^{10}）。图 5.12 为 SiO$_2$-Al$_2$O$_3$/PU-EP 复合材料的热失重曲线三维带状图。

表 5.1　SiO$_2$-Al$_2$O$_3$/PU-EP 复合材料的热分解温度参数

试样	SiO$_2$ 质量分数 /%	Al$_2$O$_3$ 质量分数 /%	热分解温度 /℃	T_d^5 /℃	T_d^{10} /℃	T_d^{10} 与 T_d^5 之差/℃
1#	0	0	380.34	344.76	364.92	20.16
3#	1	9	372.76	311.16	357.73	46.57
5#	3	7	375.08	302.33	357.18	54.85
7#	4.5	5.5	385.81	305.24	354.47	49.23
8#	5	5	382.93	336.80	367.51	30.71
10#	7	3	383.32	309.74	364.78	55.04
12#	9	1	383.52	347.93	373.29	25.36

　　注：1#、3#、5#、7#、8#、10#、12# 分别代表 PU-EP 基体、纳米 SiO$_2$ 和 Al$_2$O$_3$ 质量分数比分别为 1∶9、3∶7、4.5∶5.5、5∶5、7∶3、9∶1 的 SiO$_2$-Al$_2$O$_3$/PU-EP 复合材料

SiO₂-Al₂O₃/PU-EP 复合材料的热失重曲线三维带状图中，曲线 a 为 PU-EP 基体；曲线 b～g 为添加纳米粒子的 SiO₂-Al₂O₃/PU-EP 复合材料，纳米 SiO₂ 和 Al₂O₃ 质量分数比分别为 1∶9、3∶7、4.5∶5.5、5∶5、7∶3 和 9∶1。根据图 5.12 可得出结论，各 SiO₂-Al₂O₃/PU-EP 复合材料的热分解过程是一个基本类似的过程。

综合考察表 5.1 和图 5.12 可知，加入无机纳米粒子后，复合材料的热分解温度有所提高，当纳米 SiO₂ 在两种纳米粒子中所占比例逐渐增加时，SiO₂-Al₂O₃/PU-EP 复合材料的热分解温度、T_d^5 与 T_d^{10} 总体呈上升的趋势。从测试结果可知，当纳米 SiO₂ 与 Al₂O₃ 质量分数比为 4.5∶5.5 时，热分解温度最高，较掺杂前提高了 1.4%。随着纳米 SiO₂ 在两种纳米粒子中所占比例的增加，T_d^5 与 T_d^{10} 之差较 PU-EP 基体的 T_d^5 与 T_d^{10} 之差都大，表明纳米 SiO₂ 及 Al₂O₃ 的添加对 EP 的耐热性有一定的影响。

在基体中添加纳米粒子，可以使纳米粒子和 EP 之间存在相互作用，导致热分解温度有所变化[75]。纳米粒子经硅烷偶联剂的改性，在基体中形成物理交联，起到了交联点的作用，利于链段的缠结。此外，纳米粒子与基体界面的结合能够形成化学交联点。当纳米 SiO₂ 和 Al₂O₃ 质量分数比为 4.5∶5.5 时，热分解温度最高，说明当纳米粒子在基体中添加的比例适宜时，其在基体中的分散效果最好，热分解温度最高。

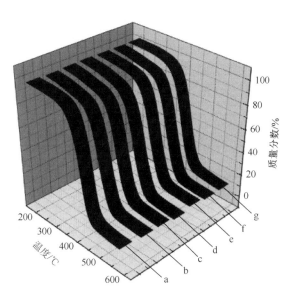

图 5.12　SiO₂-Al₂O₃/PU-EP 复合材料热失重曲线三维带状图

5.2.2　力学性能

　　高分子材料最主要的性能是高聚物的力学性能，其表征了材料的受力极限，在实际应用过程中有十分重要的意义。图 5.13 为 SiO_2-Al_2O_3/PU-EP 复合材料对应的抗剪强度。纳米粒子的质量分数比对 PU-EP 基体的力学性能有较大的影响。当纳米 SiO_2 和 Al_2O_3 的质量分数比为 1：9～3：7 时，复合材料的抗剪强度逐渐下降，且下降趋势较为缓慢。当纳米 SiO_2 的质量分数逐渐增加时，复合材料的抗剪强度逐渐升高然后下降，当纳米 SiO_2 和 Al_2O_3 质量分数比为 4.5：5.5 时，抗剪强度达到最大值，为 28.5MPa，相比于 PU-EP 基体（22.5MPa）提高了约 27%。当纳米 SiO_2 和 Al_2O_3 的质量分数比为 8：2 时，纳米 SiO_2 的质量分数达到最大，复合材料的抗剪强度最小，为 11.4MPa。

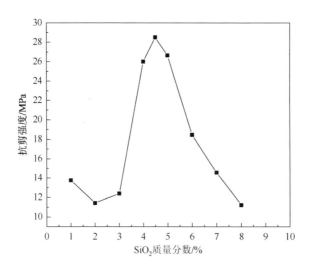

图 5.13　SiO_2-Al_2O_3/PU-EP 复合材料的抗剪强度

　　这是因为纳米粒子经硅烷偶联剂处理后的表面带有活性基团，纳米粒子可以充分接枝在基体上。此外，纳米粒子较小的粒径和较大的比表面积提高了纳米粒子和 EP 基体的相容性。因此纳米粒子和树脂基体之间有更好的应力传递，增强了材料的强度和韧性。当纳米 SiO_2 的质量分数逐渐增大时，相对于纳米 Al_2O_3，其在基体中的分散性稍差，易团聚，混合体系的黏度增大，所以降低了复合材料的力学性能。以上结果可以说明，在纳米粒子总质量分数不变的前提下，如果纳米 SiO_2 和 Al_2O_3 的添加比例适宜，SiO_2-Al_2O_3/PU-EP 复合材料的抗剪强度可以达到最大值，力学性能最佳。

5.2.3　介电性能

在外电场条件下，电介质极化和损耗的两个重要物理参数就是相对介电常数 ε 和介电损耗角正切 $\tan\delta$[76]。当添加纳米粒子后，纳米粒子就会与高聚物之间形成较好的界面，这种界面可以改变复合材料的电性能。

1. 相对介电常数

由于硅烷偶联剂对纳米粒子具有改性作用，纳米粒子与 EP 基体之间界面接合良好，对复合材料的介电性能有较大的影响。图 5.14 是在室温条件下，在纳米 SiO$_2$ 和 Al$_2$O$_3$ 质量分数不同时，SiO$_2$-Al$_2$O$_3$/PU-EP 复合材料的相对介电常数随之变化的曲线图。由图 5.14 可知，当纳米 SiO$_2$ 和 Al$_2$O$_3$ 质量分数不同时，复合材料的相对介电常数并不相同。随着纳米 SiO$_2$ 的质量分数逐渐增大、纳米 Al$_2$O$_3$ 的质量分数逐渐减小，SiO$_2$-Al$_2$O$_3$/PU-EP 复合材料的相对介电常数逐渐增大。当纳米 SiO$_2$ 和 Al$_2$O$_3$ 的质量分数比为 4.5∶5.5 时，SiO$_2$-Al$_2$O$_3$/PU-EP 复合材料的相对介电常数最大，为 4.56。当纳米 SiO$_2$ 的质量分数继续增大时，SiO$_2$-Al$_2$O$_3$/ PU-EP 复合材料的相对介电常数逐渐减小，当纳米 SiO$_2$ 和 Al$_2$O$_3$ 的质量分数比为 7∶3 时，SiO$_2$-Al$_2$O$_3$/PU-EP 复合材料的相对介电常数达到最小，为 3.25。

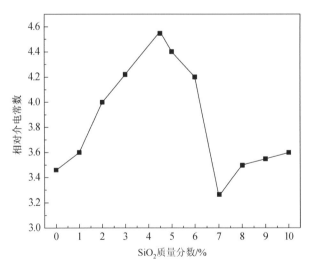

图 5.14　SiO$_2$-Al$_2$O$_3$/PU-EP 复合材料的相对介电常数曲线

掺杂纳米粒子后的复合材料的相对介电常数明显提高。原因可能是：当纳米粒子加入 EP 基体中时会形成孔洞等缺陷，这些缺陷形成在纳米粒子的界面中，导致电荷分布发生变化。在外部电场条件的影响下，正间隙电荷移动到负极，负间隙电荷移动到正极，形成电偶极矩，也就是界面电荷极化；经偶联剂改性的纳米粒子与 EP 基体之间良好的界面接合导致偶极矩增加、纳米粒子自身的晶格畸变及空位等，以及改性后的纳米粒子特殊的表面效应，对复合材料的介电性能都有很大影响。同时偶联剂的添加也可能会导致复合材料中引入杂质，这些杂质在外加电场影响下所引起的极化也是应该考虑的。

纳米 SiO_2 与 Al_2O_3 的质量分数越接近，纳米 SiO_2 和 Al_2O_3 对复合材料的相对介电常数的影响越大。纳米 SiO_2 与 Al_2O_3 的质量分数相差越大，纳米 SiO_2 与 Al_2O_3 对复合材料的相对介电常数的影响越小。这可能是由于双组分的纳米粒子具有协同效应和反协同效应。当两种纳米粒子的质量分数差别较大时，纳米粒子在聚合物中起到反协同效应的作用，所以复合材料的极化也与双组分纳米粒子的质量分数有关。协同效应就是将两种或多种物质用某种特定的方式结合，形成一种混合体系，这种混合体系同时具有每个组分的性质，将所有性质叠加起来。通过不同的实验工艺，按照一定的要求充分发挥各组分的特点，相辅相成，使性能取长补短，这种新的体系具有其他单个组分所不具备的特性，并且某方面的性能可能会超过其他单个组分。

2. 介电损耗角正切

介电损耗是指在外加电压条件下，松弛极化和电导作用对电介质的影响，最终产生能量损耗，即在单位时间内电介质消耗的能量。这种能量损耗的影响因素很多，主要有两个。一个是在外加电场条件下，电介质中的导电载流子产生流动，流动需要消耗一定量的电能，即电导损耗。电导损耗是非极性高聚物损耗的主要原因。另一个是偶极取向极化的松弛过程所产生的能量损耗，是极性高聚物介电损耗的一个重要因素。在交变电场下，频率的变化会影响介质的极化程度，极化可以分为松弛极化和瞬间位移极化两类。当电场随着时间的变化较快时，电场变化快于松弛极化从而导致介质的能量损耗，介电损耗角正切可以描述电介质在交变电场下的这一性能，但介电损耗角正切与材料的形状、尺寸都没有关系，仅取决于材料的特性（如电介质的极性和单位体积内极性基团的量）。介电损耗会引起材料的破坏，因此实际应用中不允许存在大量的介电损耗[77]。

图 5.15 为在室温条件下，SiO_2-Al_2O_3/PU-EP 复合材料的介电损耗角正切在纳米 SiO_2 和 Al_2O_3 不同添加比例下的变化。

当添加的纳米粒子为纯纳米 Al_2O_3 时，测得介电损耗角正切最小，为 0.002。当纳米 SiO_2 的质量分数逐渐增大、纳米 Al_2O_3 的质量分数逐渐减小时，复合材料的介电损耗角正切逐渐增大，最大为 0.012。当纳米 SiO_2 的质量分数继续增大时，复合材料的介电损耗角正切呈下降趋势。原因可能是掺杂纳米粒子后，产生两相界面，进而 SiO_2-Al_2O_3/PU-EP 复合材料中会产生界面空气隙，不同比例纳米粒子添加量的两相界面会有所不同，导致介电损耗角正切不同。

一般情况下，影响纳米复合材料的相对介电常数和介电损耗角正切的因素很多，主要有杂质、测试温度以及测试频率。纳米粒子的质量分数以及掺杂种类对复合材料的介电特性的影响比较复杂。纳米颗粒的尺寸、形状、体积分数，以及基体形成的结构、分子的活动能力、高聚物的支化和交联等因素对介电特性都有一定的影响，这些因素还有待进一步研究。

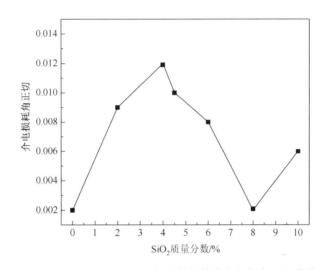

图 5.15　SiO_2-Al_2O_3/PU-EP 复合材料的介电损耗角正切曲线

3. 体积电阻率

复合材料每单位立方体积的电阻称为体积电阻率，体积电阻率越高，材料用作电绝缘部件的效果就越好。可以通过体积电阻率来评价复合材料的绝缘性能。图 5.16 为 SiO_2-Al_2O_3/PU-EP 复合材料的体积电阻率随纳米 SiO_2 和 Al_2O_3 不同比例添加量的变化曲线。

由图 5.16 可知，加入纳米粒子的复合材料相对于 PU-EP 基体的体积电阻率明显增加（PU-EP 基体的体积电阻率为 $1.2 \times 10^{14} \Omega \cdot m$）。原因可能是 PU-EP 基体和填加纳米粒子后复合材料的分子结构不同，不同的分子结构会使复合材料有不同的导电性。纳米粒子的加入会使复合材料的电极性增加，导致复合材料的体积电阻率降低。本书添加的纳米粒子均经过硅烷偶联剂的改性，改性后的纳米粒子表面带有与基体连接的活性基团，使纳米 SiO_2 和 Al_2O_3 与基体之间紧密连接，提高两相之间的相容性，增大交联密度，SiO_2-Al_2O_3/PU-EP 复合材料的自由体积减小，载流子的迁移率受到限制，因此 SiO_2-Al_2O_3/PU-EP 复合材料的体积电阻率升高。虽然纳米 SiO_2 和 Al_2O_3 添加比例不同时，复合材料的体积电阻率不同，但 SiO_2-Al_2O_3/ PU-EP 复合材料的体积

电阻率为 $10^{13} \sim 10^{14} \Omega \cdot m$，所以可以确定此复合材料是电阻率级别较高的绝缘材料。

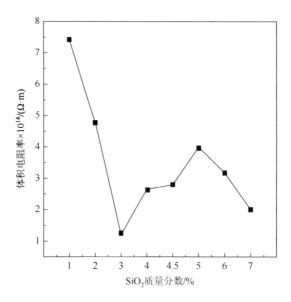

图 5.16　SiO_2-Al_2O_3/PU-EP 复合材料的体积电阻率

4. 击穿强度

测试条件为硅油，测试电极为圆柱形平板电极，SiO_2-Al_2O_3/PU-EP 复合材料的击穿强度随着纳米 SiO_2 和 Al_2O_3 不同比例添加量的变化情况如图 5.17 所示。

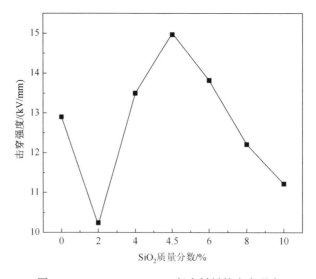

图 5.17　SiO_2-Al_2O_3/PU-EP 复合材料的击穿强度

　　从图 5.17 中可以看出，当填充的纳米粒子为纯 Al_2O_3 时，复合材料的击穿强度达到 12.9kV/mm；当纳米 SiO_2 和 Al_2O_3 质量分数比为 2∶8 时，复合材料的击穿强度下降为 10.19kV/mm；当纳米 SiO_2 和 Al_2O_3 质量分数比为 4.5∶5.5 时，复合材料的击穿强度达到最大值，为 15.0kV/mm；当纳米 SiO_2 的质量分数继续增大时，复合材料的击穿强度开始下降。SiO_2-Al_2O_3/PU-EP 复合材料发生的击穿可能是热击穿，也可能是电击穿，还可能是热击穿和电击穿共同作用的结果。原因可能是：当纳米 SiO_2 和 Al_2O_3 质量分数比逐渐增大，也就是纳米 SiO_2 的质量分数逐渐增大时，复合材料的介电损耗角正切也逐渐增大，在外界电场的作用下，引入的极性基团在取向的过程中受到高聚物的黏滞作用，产生阻力，纳米粒子会将电场的能量转化为克服阻力转动产生的热量，破坏了原有的从产生热量到散发热量的平衡状态，导致击穿强度下降。当纳米 SiO_2 和 Al_2O_3 的质量分数比为 4.5∶5.5 时，击穿强度达到最大值，经偶联剂处理过的纳米粒子和基体具有很好的相容性，并且当纳米 SiO_2 和 Al_2O_3 的质量分数比为 4.5∶5.5 时，纳米粒子和基体之间的分散性最好，团聚现象较少，SEM 图也可以说明这一点，这降低了在测试过程中发生的局部集中现象，防止测试点在局部的温度过高，使热量可以传导出去，因此击穿强度最大。影响复合材料击穿强度的因素很多，如试样的厚度、测试温度、纳米粒子。试样越厚，其边缘效应就会越大，散热效果越差，最终测试的击穿强度就会越低；测试的温度越高，在电场的作用下电子获得的动能越大，介质发生碰撞的电离能量就会越高；纳米粒子的加入也会使电子碰撞的机会增大，使测试的击穿强度增大。此外，高聚物的分子量、交联度和结晶度对测试结果也会产生一定的影响。高聚物的击穿是一个很复杂的过程，通常不是一种机理，可能是多种机理的综合结果，还存在许多未知因素。

下篇 BMI 基纳米复合材料

BMI 是以马来酰亚胺为活性端基的一类低分子量化合物，不仅具有热固性聚酰亚胺树脂突出的耐湿、耐热、耐辐射性，好的绝缘性，以及优良的加工性等特点，而且加工成型方法与 EP 类似[78]。目前改性后的 BMI 因为具有优异的综合性能已经应用于许多高新技术领域，主要包括电气绝缘材料、浸渍漆、航天结构材料和功能材料等。然而未改性的 BMI 由于结构中含有酰亚胺环和苯环等刚性基团，固化物具有很高的交联密度，耐热性佳的同时韧性较差，这是阻碍其进一步发展的主要原因[79]。

BMI 的综合性能优异，它的主要性能如下。

（1）耐热性：BMI 分子上含有苯环、酰亚胺杂环，并且由于结构对称、结晶度大，交联密度高，固化物具有优异的耐热性，其玻璃化转变温度通常高于 250℃，可以在 177～232℃下长期使用[80]。

（2）溶解性：常用的 BMI 单体与有机试剂有良好的相容性，如丙酮、氯仿、N-甲基吡咯烷酮（N-methyl pyrrolidone，NMP）、二甲基甲酰胺（dimethylformamide，DMF）等，该类溶剂大多具有强极性、毒性大、价格高的特点[81]。这是因为 BMI 具有对称的化学结构，并且 BMI 分子极性强。

（3）力学性能：BMI 固化工程容易控制，无低分子副产物放出[82]。BMI 固化物具有致密的结构并且缺陷少，在宏观上表现为高强度以及高模量[83]。由于 BMI 固化物具有高的交联密度、刚性强的分子链，BMI 的断裂伸长率小、断裂韧性低、冲击强度差，显示出极大的脆性。而脆性大、韧性差正是 BMI 适应高技术要求、扩大新应用领域的重大障碍，所以如何能够提高 BMI 的韧性并且保留原有的优异性能就成为决定 BMI 应用及发展的关键技术之一[84]。

近年来对 BMI 的改性主要集中在增韧改性方面，主要有以下几种增韧改性方式。

（1）橡胶改性：橡胶增韧 BMI 主要通过形成两相结构而增韧，橡胶与 BMI 会通过一定作用形成嵌段，在橡胶-BMI 体系中，橡胶为分散相，BMI 为连续相。在受到外力作用时，两相之间相互作用，可以及时地分散应力，而且分散相可以诱发基体剪切屈服和银纹化，这一过程会消耗部分能量，宏观上表现为韧性的提高[85]。液体橡胶由于与 BMI 混合得更均匀，可以进一步提高 BMI 的韧性，但由于液体橡胶本身耐热性差，复合材料的耐热性降低，这会使 BMI 在实际应用中受到限制。利用橡胶增韧 BMI 虽然可以有效地提高韧性，但是其热性能以及介电性能均有所降低，这在一定程度上限制了其应用范围。

（2）纳米粒子改性：纳米粒子的粒度在 1~100nm，由于具有特殊的结构而具有体积效应、表面效应、量子尺寸效应以及宏观量子隧道效应。此外，纳米粒子的耐热性高，通过掺杂适量的纳米粒子增韧 BMI 不仅可以提高其力学性能，还可以在一定程度上提高耐热性，而且通过掺杂特殊结构的纳米粒子还可以获得综合性能优异的复合材料[86, 87]。但是未改性的纳米粒子容易团聚，与有机基体相容性差而且在基体中分散不均匀，容易产生缺陷而导致复合材料性能下降，通过表面处理的方法可以有效地改善这一现象。

（3）晶须改性：晶须具有高纯度、小尺寸、不（或很少）存在内部结构缺陷（如杂质、位错等）等优点，近年来利用晶须增强复合材料的研究极为活跃。晶须的原子排列高度有序，强度极高，多用于制备高强度的复合材料[88]。利用晶须改性 BMI 可以获得综合性能优异的复合材料，而且由于 BMI 具有较高的反应活性和较小的黏度，晶须可以均匀地分散在 BMI 基体中，目前利用晶须改性 BMI 已经成为新的热点。

（4）热塑性树脂改性：热塑性树脂通常韧性好而加工性差，未改性的 BMI 则加工性好而脆性大，利用热塑性树脂改性 BMI 可以综合二者性能优点，既提高 BMI 的韧性又不降低其耐热性。目前用来改性 BMI 的热塑性树脂主要有 PES、聚芳醚酮（PEK-C）以及聚芳醚（PES-C）等[89]。通常利用热熔法将热塑性树脂均匀地混入 BMI 基体中，但是热塑性树脂与 BMI 基体形成了较多界面，对复合材料的介电性能有很大的影响。

（5）热固性树脂改性：EP 是目前常用来改性 BMI 的热固性树脂，二者通过化学作用而形成互穿网络结构，这可以有效地提高 BMI 的韧性[90, 91]。EP 的引入还可以提高 BMI 的工艺性，并且对黏性有很大影响。但是利用热固性树脂改性 BMI 在提高韧性的同时会降低电、热性能，因此单独利用热固性树脂改性 BMI 很少作为先进复合材料。

第6章　纳米 Al₂O₃/PES-MBAE 复合材料的性能研究

6.1　超临界流体改性纳米 Al_2O_3

6.1.1　FT-IR 分析

为了探究超临界流体与纳米 Al_2O_3 之间的作用机理，利用 FT-IR 测试未改性纳米 Al_2O_3、超临界乙醇（supercritical ethanol，SCE）和超临界水（supercritical water，SCW）处理的纳米 Al_2O_3。图 6.1 为超临界流体改性前后纳米 Al_2O_3 的 FT-IR 图。

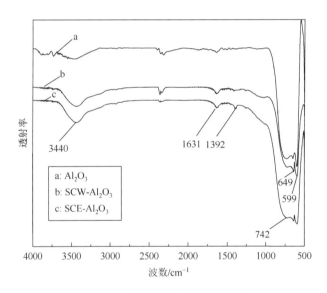

图 6.1　纳米 Al_2O_3 的 FT-IR 图

如图 6.1 所示，未改性的纳米 Al_2O_3 与超临界流体改性后的纳米 Al_2O_3 在 $599cm^{-1}$、$649cm^{-1}$ 以及 $742cm^{-1}$ 处存在吸收峰，这是由于六配位 Al—O 振动引起的，$3440cm^{-1}$ 和 $1631cm^{-1}$ 附近是纳米 Al_2O_3 表面吸附水后羟基化形成—OH 的吸收峰，通过对比可以看出改性后的纳米 Al_2O_3 在 $3440cm^{-1}$ 左右的吸收峰加强，这可能是由于在超临界状态下的流体分子之间的氢键减弱[92]，而与纳米 Al_2O_3 表面的羟基产生了作用较强的氢键，从而"包覆"在纳米 Al_2O_3 表面，表面能降低，

使纳米 Al_2O_3 之间作用力减弱，不易发生团聚。而通过比较曲线 b、c 可以发现，经超临界乙醇改性后的纳米 Al_2O_3 在 $1392cm^{-1}$ 处有不明显的吸收峰，这是由乙醇分子上的—CH_3 的伸缩振动引起的，这说明乙醇分子沉积到了纳米 Al_2O_3 的表面。

6.1.2　TEM 分析

TEM 是把电子束经过加速和聚集后投射到样品上，电子会与样品中的原子碰撞，然后改变方向，从而产生立体衍射。样品内有不同的原子，因此产生的散射角也不同，可以形成阴暗不同的影像。为了观察超临界纳米 Al_2O_3 的微观形貌以及探究超临界流体改性纳米 Al_2O_3 的机理，本节利用 TEM 观察不同超临界流体以及不同处理时间的样品微观形貌。

1. SCE-Al_2O_3 的 TEM 分析

利用 TEM 测试超临界乙醇改性的纳米 Al_2O_3 并得到了 TEM 图以及相应点的能谱图，如图 6.2 所示。

根据图 6.2 中 A 点处的能谱分析可以发现，该点含有大量的 Al 元素，而且 Al 元素质量分数为 36%，纯 Al_2O_3 中 Al 元素质量分数为 52.9%，二者存在差异，这是由于被测试样品表面覆盖了一层碳膜以及纳米 Al_2O_3 会吸收水分形成羟基等。最终，根据所测试元素可以确定，A 点为纳米 Al_2O_3。B 点处的 C 元素质量分数明显高于 A 点，而且 O 元素质量分数为 20.2%，Al 元素质量分数为 16.5%。根据所测试样品的组成可以确定 B 点处为乙醇。纳米 Al_2O_3 经过超临界乙醇改性后，表面会附着上乙醇组分。这种现象的原因是当流体处于超临界状态时，流体分子

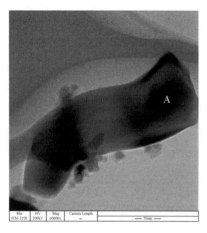

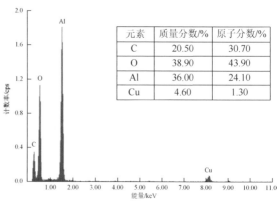

元素	质量分数/%	原子分数/%
C	20.50	30.70
O	38.90	43.90
Al	36.00	24.10
Cu	4.60	1.30

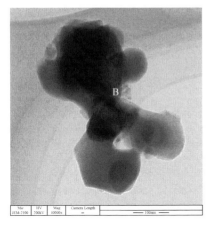
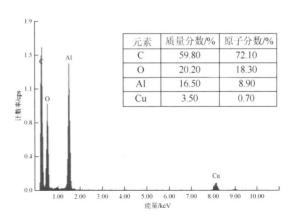

元素	质量分数/%	原子分数/%
C	59.80	72.10
O	20.20	18.30
Al	16.50	8.90
Cu	3.50	0.70

图 6.2　SCE-Al_2O_3 的 TEM 图以及相应点的能谱

之间的氢键作用减弱，结构变得松散，分子极性降低，而纳米 Al_2O_3 表面含有由于吸附水形成的氢键，当流体分子之间的作用减弱时，流体分子与纳米 Al_2O_3 通过氢键作用结合在一起，图 6.2 印证了 FT-IR 分析结果以及在超临界流体中 Al_2O_3 的结构图。此外，在图 6.2 中可以看到清晰地看到纳米 Al_2O_3，颗粒尺寸为 30nm 左右，这与购买材料说明书上标记一致。

因此，超临界技术处理无机粒子可以在粒子表面沉积一定的流体组分，降低粒子间的相互作用，这种作用会有效地提高粒子在聚合物基体中的分散性和相容性，从而达到提高复合材料性能的目的。

2. 超临界流体及时间选择

利用 TEM 观察两种超临界流体（乙醇、水）以及不同处理时间的纳米 Al_2O_3 的微观形貌，结果见图 6.3，其中，图 6.3（a）和（b）分别为在超临界乙醇中处理 5min 和 20min 的纳米 Al_2O_3，图 6.3（c）为在超临界水中处理 5min 的纳米 Al_2O_3。

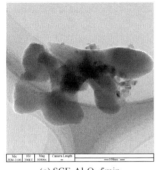
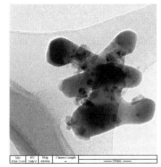
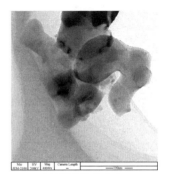

(a) SCE-Al_2O_3 5min　　　　(b) SCE-Al_2O_3 20min　　　　(c) SCW-Al_2O_3 5min

图 6.3　超临界流体改性纳米 Al_2O_3 的 TEM 图

从图 6.3 中可以看出，经过超临界流体改性后的纳米粒子表面附着小颗粒，而且随着处理时间以及超临界流体种类的不同，所呈现的形貌也不同。通过对比图 6.3（a）和（b）可以发现，随着处理时间的延长，纳米 Al_2O_3 表面附着小颗粒的数量也增加，而且 20min SCE-Al_2O_3 呈现为复杂的堆积结构。这是由于随着处理时间的延长，小颗粒的沉积量也增加，小颗粒与纳米粒子的表面通过氢键作用键接在一起，而且小颗粒之间也可以通过氢键作用连接在一起，这样连接在纳米粒子表面的小分子可以与连接在其他纳米粒子表面的小分子通过作用力连接在一起，小分子沉积量越大，这种相互连接、相互堆积就越明显，最终导致纳米 Al_2O_3 之间形成堆积结构，该结构不利于无机组分在聚合物中分散，从而影响材料的性能。而对比图 6.3（a）与（c）可以发现，由于水分子本身的极性以及氢键作用等，超临界水改性后的纳米 Al_2O_3 表面附着上的小颗粒较少，纳米粒子之间的团聚现象并未减轻。超临界乙醇的表面处理效果要好于超临界水，而且超临界乙醇的处理时间不宜过长。

6.1.3　分散和沉降分析

根据纳米粒子的定义可知，纳米粒子的粒径在 100nm 以下，纳米颗粒自身的重力与颗粒间的范德瓦耳斯力相比较小，因此纳米颗粒在溶液中不会因为重力作用而迅速沉降，而是由于颗粒间的范德瓦耳斯力保持悬浮状态，但是由于团聚作用形成的大粒子自身重力大，在溶液中的沉降速度会加快，通过沉降实验便可看出粒子在溶剂中的分散性及团聚情况。为了分析不同超临界流体和不同处理时间的改性效果及在液体石蜡中的分散性，对改性前后的粒子进行沉降体积测试，图 6.4 为纳米粒子在液体石蜡中分散的图像，表 6.1 为 24h 内纳米粒子的沉降体积。

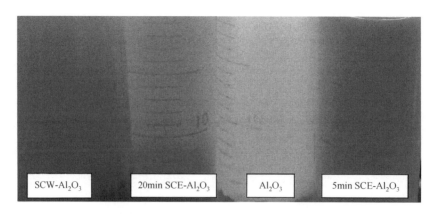

图 6.4　纳米粒子在液体石蜡中的分散图

液体石蜡是非极性溶剂，根据相似相容原理，未改性的纳米 Al$_2$O$_3$ 为极性分子，与液体石蜡的相容性差，不能均匀地分散在液体石蜡中，并且由于自身重力堆积在混合液底部，而液体石蜡本身是无色透明液体，纳米 Al$_2$O$_3$ 呈白色颗粒，因此上层溶液由于纳米 Al$_2$O$_3$ 的含量少，保持较高的透光性[93-95]。纳米 Al$_2$O$_3$ 经过超临界流体改性，流体分子与纳米 Al$_2$O$_3$ 表面的活性基团结合在一起，因此极大地降低了纳米 Al$_2$O$_3$ 的极性。此外，由于纳米粒子表面吸附流体分子，纳米粒子自身的团聚现象得到减弱，极性减弱后的纳米粒子在非极性溶剂液体石蜡中的分散性就好，二者可以形成均一的悬浊液。分散的效果越好，混合液的浑浊度就越高，透光性也就越差。因此，透光性越差表明纳米粒子在石蜡中的分散性越好，粒子极性降低，这将有利于提高纳米粒子与聚合物基体的相容性。由图 6.4 可以看出，未改性纳米 Al$_2$O$_3$ 的悬浮液透光性最好，而 5min SCE-Al$_2$O$_3$ 的透光性最差，说明改性后的纳米粒子与液体石蜡相容性好，可以均匀分散在液体石蜡中。20min SCE-Al$_2$O$_3$ 与 SCW-Al$_2$O$_3$ 悬浮液的透光性居中，但均好于未改性纳米 Al$_2$O$_3$。

表 6.1　纳米粒子的沉降体积与时间的关系　　　（单位：mL）

样品	0h	1h	2h	3h	6h	8h	24h
Al$_2$O$_3$	20.0	12.0	8.3	7.0	6.6	5.9	4.1
5min SCE-Al$_2$O$_3$	20.0	19.8	18.4	18.1	17.0	16.5	13.0
20min SCE-Al$_2$O$_3$	20.0	19.0	18.0	17.2	16.0	13.0	9.0
SCW-Al$_2$O$_3$	20.0	18.0	17.8	17.0	15.5	10.5	7.1

从表 6.1 中可以看出，改性前纳米 Al$_2$O$_3$ 在液体石蜡中沉降迅速，在 1h 后就可以达到 12.0mL，这是由于纳米 Al$_2$O$_3$ 粉体的比表面积大，表面能量高，易于团聚，在非极性介质液体石蜡中不易分散。纳米粒子在液体石蜡中分散时由于团聚作用形成大粒子，大粒子沉降迅速并且夹带小粒子，所以分层明显，上层为透明清液。而经过超临界乙醇改性的纳米 Al$_2$O$_3$ 表面附着乙醇分子，乙醇分子与纳米粒子表面的羟基通过氢键键合在一起，有效地减少了纳米粒子之间的团聚，由于团聚大大减轻，当粒径小于 10μm 时，其间范德瓦耳斯力与重力相比拟，颗粒在液体石蜡中不会因重力而迅速沉降，而是保持悬浮状态并且形成疏松的沉降物。从表 6.1 中可以发现，在改性的纳米 Al$_2$O$_3$ 中，5min SCE-Al$_2$O$_3$ 的沉降体积最高，20min SCE-Al$_2$O$_3$ 其次，SCW-Al$_2$O$_3$ 最低。根据 TEM 与 SEM 结果，当处理时间过长时，纳米粒子表面沉积的乙醇分子会越来越多，最终形成复杂的堆积结构，而超临界水改性的纳米 Al$_2$O$_3$ 表面附着水分子，水分子与液体石蜡不相容，导致纳米粒子由于自身的重力而沉降。根据沉降实验可以看出，超临界水改性后的纳

米 Al$_2$O$_3$ 不仅反应条件高，而且处理后的纳米 Al$_2$O$_3$ 分散性不好；而超临界乙醇可以明显改善纳米 Al$_2$O$_3$ 的分散性，但是处理时间不宜过长。

6.1.4 SEM 分析

为了观察分析超临界流体改性 Al$_2$O$_3$ 的表面形貌，利用 SEM 分别对未改性的纳米 Al$_2$O$_3$ 及在 5min、15min、20min 超临界乙醇改性的纳米 Al$_2$O$_3$ 进行测试。图 6.5 为超临界流体改性前后纳米 Al$_2$O$_3$ 的 SEM 图。

(a) Al$_2$O$_3$ (b) 5min SCE-Al$_2$O$_3$

(c) 15min SCE-Al$_2$O$_3$ (d) 20min SCE-Al$_2$O$_3$

图 6.5 超临界流体改性前后纳米 Al$_2$O$_3$ 的 SEM 图

从图 6.5 可以看到，超临界流体改性前后的纳米 Al$_2$O$_3$ 均达到纳米级。但是在图 6.5（a）中可以看出，未改性的 Al$_2$O$_3$ 大多以团聚状态存在，呈现出大块不规则形貌，并且团聚颗粒大，很少存在单个粒子，分散状况差。这是因为未改性的 Al$_2$O$_3$ 表面富含羟基[96]，这些羟基间易形成氢键，具有较强的相互作用，在氢键作用下颗粒间形成团聚现象。通过对比可以发现，超临界乙醇改性后的纳米 Al$_2$O$_3$ 轮廓清晰，颗粒明显，整体显得比较蓬松。但是，对比图 6.5（a）～（c）可以发现，随着处理时间的延长，纳米粒子改性的效果越来越差，处理时间为 20min 时的图像与未改性的图像类似。这种现象可以根据前面的测试结果来解释，随着处理时间的延长，纳米 Al$_2$O$_3$ 表面附着量也增加，这会导致纳米粒子之间的团聚，不利于表面改性。

6.1.5　XRD 分析

为了探究超临界流体改性对纳米 Al$_2$O$_3$ 结构的影响，利用 X 射线衍射仪测试超临界流体改性前后的纳米 Al$_2$O$_3$，图 6.6 为其 XRD 图谱。

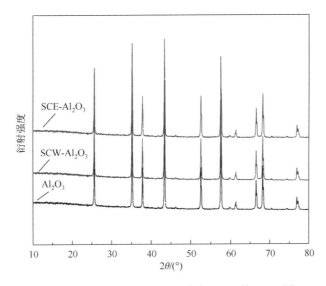

图 6.6　超临界流体改性前后纳米 Al$_2$O$_3$ 的 XRD 图

从图 6.6 中可以看出，改性前后纳米 Al$_2$O$_3$ 的 XRD 曲线完全重合，这说明虽然超临界流体可以有效地对纳米 Al$_2$O$_3$ 进行表面修饰，但是超临界流体并不会改变纳米 Al$_2$O$_3$ 的晶型结构，经过超临界流体改性的纳米 Al$_2$O$_3$ 依然保持原有的晶型。此外，与 α-Al$_2$O$_3$ 标准图谱峰值（JCPDS, No. 10-0517）相比，Al$_2$O$_3$ 的 XRD 曲线在 2θ 为 25.5°、43.2°、61.59°和 68.12°等处均出现衍射峰，这说明本书选择的 α-Al$_2$O$_3$ 具有较高的纯度。据谢乐公式可计算出 α-Al$_2$O$_3$ 晶粒的尺寸，取多条低角度 XRD 线（2θ＜50°）进行计算，再求取平均粒径，经过计算 α-Al$_2$O$_3$ 的平均粒径为 26nm，这与所购粒子的质量检测报告的数据相一致。

6.1.6　机理研究

1. 超临界流体改性纳米 Al_2O_3 机理

纳米 Al_2O_3 表面吸水因而附着上羟基，这导致纳米 Al_2O_3 表面能高，活性大，容易团聚。超临界条件下流体因密度涨落存在分子聚集现象，且在低密度区域更显著；流体分子间的氢键作用明显减弱，结构变得松散，分子极性降低[97, 98]。这时的流体分子可以与附着在纳米 Al_2O_3 表面的羟基通过氢键结合，有效地降低了纳米 Al_2O_3 的极性，达到了表面改性的效果。图 6.7 为超临界乙醇中的纳米 Al_2O_3 结构模拟图像。

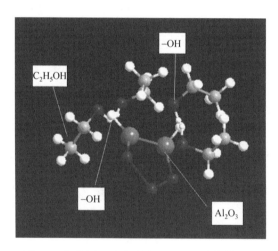

图 6.7　超临界乙醇中纳米 Al_2O_3 的结构模拟图

2. PES 增韧 BMI 机理

BMI 由于自身结构原因，在受到外力作用时会沿着受力方向产生裂纹，并最终导致断裂，BMI 的断裂过程如图 6.8（a）所示。BMI 体系是均相的，BMI 的聚集态结构随着 PES 的加入发生了改变，并且两相的相容性随着反应的进行而下降，因而发生反应诱导相分离。相分离最终形成了宏观上均匀而微观上两相的结构，在受到外部作用力时，该两相结构可有效地抑制银纹和剪切带的形成，材料不会产生较大变形。在裂纹扩散过程中，由于存在银纹和剪切带的协同效应以及热塑性树脂颗粒对裂纹的阻碍作用，裂纹的进一步扩展被阻止，混入 PES 后的 BMI 断裂过程如图 6.8（b）所示，该阻碍作用起到了增韧的效果[99]。

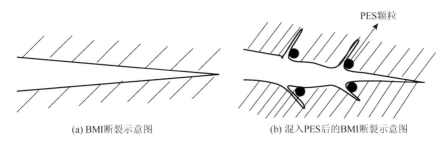

(a) BMI断裂示意图　　　　　　　　　(b) 混入PES后的BMI断裂示意图

图 6.8　混入 PES 前后 BMI 断裂示意图

3. 烯丙基化合物增韧 BMI 机理

通过烯丙基化合物增韧 BMI 的原理为在 BMI 结构中的碳碳不饱和双键为缺电子双键，这是由于羰基的吸电子作用导致的，在一定温度下（130℃），BMI 与烯丙基化合物通过双烯加成反应生成 1∶1 的中间体。在较高温度下（220℃），该中间体通过 Diels-Adler 加成反应与 BMI 的双键加成，通过重芳构化反应生成具有梯形结构的高交联密度的聚合物[100]。具体反应历程如图 6.9 所示。

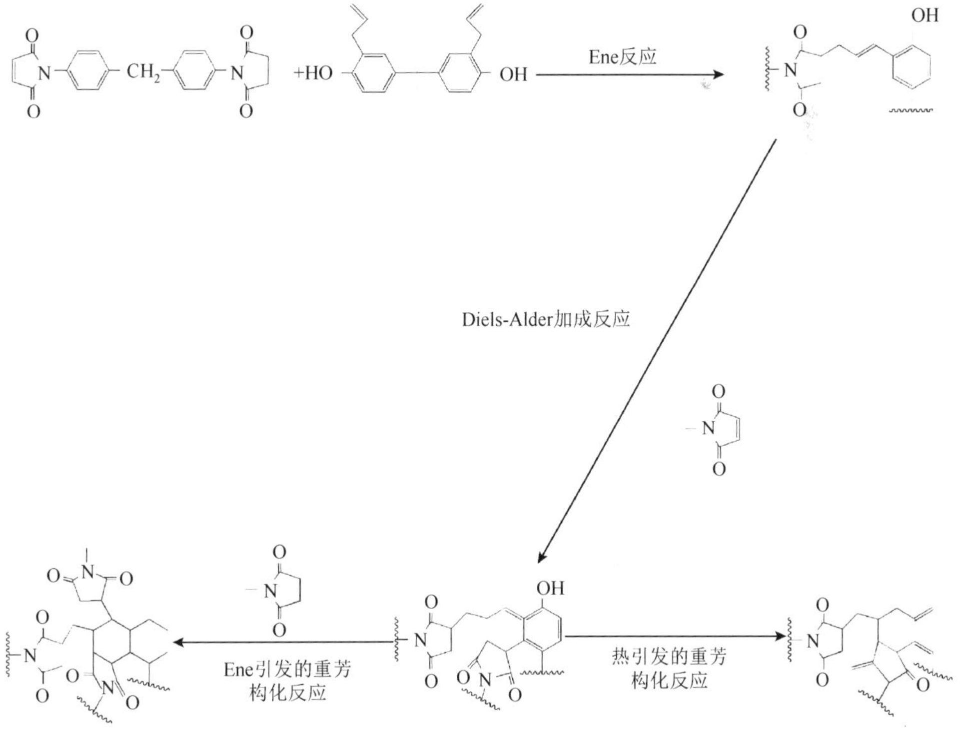

Ene反应

Diels-Alder加成反应

Ene引发的重芳构化反应

热引发的重芳构化反应

图 6.9　烯丙基化合物与 BMI 化学反应过程图

6.2　PES-MBAE 复合材料的微观结构及性能

6.2.1　微观结构

由于 PES 呈颗粒状，二苯甲烷型双马来酰亚胺（diphenylmethylmethane-bismaleimide，MBMI）呈粉末状，利用 PES 直接增韧 MBMI 工艺性差，因此以 MBMI、二烯丙基双酚 A（diallyl bisphenol A，BBA）、二烯丙基双酚 A 醚（diallyl bisphenol A ether，BBE）合成 MBAE 体系后利用 PES 增韧，制备一系列不同 PES 质量分数的 PES-MBAE 复合材料，通过 FT-IR、SEM 分析并观察 PES 增韧机理以及 PES-MBAE 复合材料断面形貌，通过力学性能测试确定最佳 PES 质量分数。

1. FT-IR 分析

为了表征 PES 是否混入 MBAE 基体中并且分析 PES 与 MBAE 基体之间是否存在化学反应，利用 FT-IR 测试并分析 PES 颗粒以及 PES-MBAE 复合材料，如图 6.10 所示。

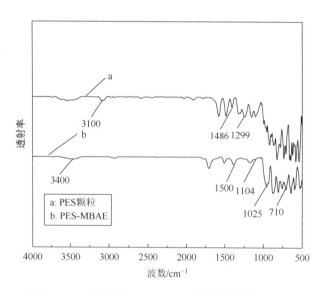

图 6.10　PES 颗粒与 PES-MBAE 复合材料的 FT-IR 图

从图 6.10 中曲线 a 可以看出，3100cm^{-1} 处是 PES 中苯环上的 C—H 伸缩振动峰，1486cm^{-1} 处是苯环上的 C＝C 伸缩振动峰，而 1104cm^{-1}、1025cm^{-1} 和 710cm^{-1} 处则分别是不对称 O＝S＝O 的伸缩振动峰、—S—的伸缩振动峰、

芳香醚 C—O—C 的对称伸缩振动峰以及 C—S 的伸缩振动峰。曲线 b 中 3400cm⁻¹
处是—OH 的伸缩振动峰，这是由加成反应引入 BBA 上的羟基导致的，1500cm⁻¹
处为酰亚胺基的伸缩振动峰。综合曲线 a、b 可以看出，PES 颗粒与 PES-MBAE
复合材料的 FT-IR 曲线部分是重合的，与曲线 a 相比，曲线 b 并未出现新的峰，
并且在曲线 b 中相应的 PES 特征峰均出现了，这表明整个体系中混入了 PES，且
PES 与 MABE 基体之间并不是通过化学反应结合在一起，很可能属于两相结构。

2. SEM 分析

为了观察 PES 在 MABE 基体中的分散状态，并研究不同 PES 质量分数对
PES-MBAE 复合材料的影响，利用 SEM 观察 PES 质量分数为 5%以及 7%的
PES-MBAE 复合材料脆断面形貌。PES 质量分数为 7%的 PES-MBAE 复合材料
的脆断面 SEM 图和能谱图见图 6.11，PES 质量分数为 5%和 7%的 PES-MBAE 复
合材料断面 SEM 图见图 6.12。

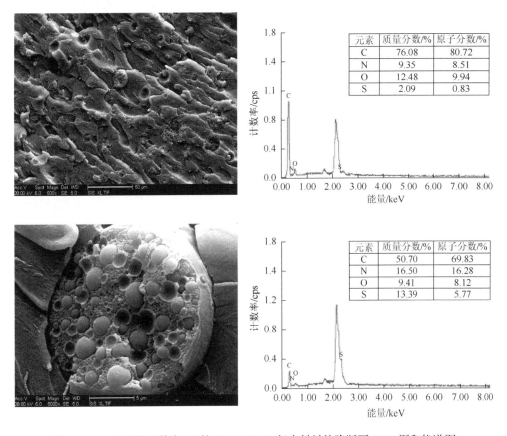

图 6.11　PES 质量分数为 7%的 PES-MBAE 复合材料的脆断面 SEM 图和能谱图

　　图 6.11 是 PES 质量分数为 7% 的 PES-MBAE 复合材料的脆断面形貌和能谱图。从图 6.11（a）中较平整区域的能谱可以看出，该区域以 C 元素为主，S 元素的质量分数较低，为 2.09%。标记处含有 N 元素，并且 N 元素质量分数为 9.35%，略高于根据 MBMI 结构式 $C_{21}H_{14}O_4N_2$ 计算的结果（7.82%）。这说明反应中 MBMI 具有较大的交联密度，同时证明该位置以 MBMI 为主；另外，在该处同时存在 S 元素，即该位置也存在少量 PES 组分，这说明 PES 不仅仅是以两相结构存在于基体中的，两相之间是相互渗透的。图 6.11（b）为另一相区域的形貌与元素含量，通过 S 元素质量分数（13.39%）可以判定该处以 PES 为主。从图 6.11 的能谱分析结果中可以看出，在该复合材料中，连续相与分散相之间并不是简单的两相结构，而是存在彼此之间的相互作用。根据元素分析结果可以证明，两相间可能相互渗透、穿插，而这种作用对 PES 增韧 MBMI 是有益的。

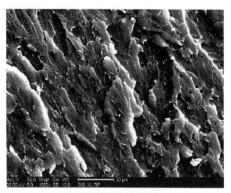

(a) 5%PES-MBAE(1000×)

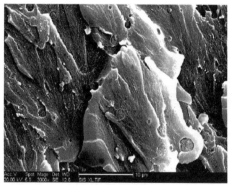

(b) 5%PES-MBAE(3000×)

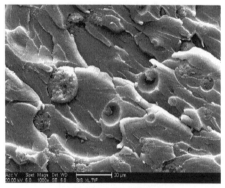

(c) 7%PES-MBAE(1000×)

(d) 7%PES-MBAE(3000×)

图 6.12　PES 质量分数为 5% 和 7% 的 PES-MBAE 复合材料的断面 SEM 图

　　从图 6.12 中可以看出，热塑性树脂 PES 是以两相结构存在于 MBAE 基体中的，并且呈均匀的蜂窝状。从图 6.12（a）中可以看出，该断面存在较多银纹，呈现韧性断裂形貌。当受到外力时，由于存在两相结构，MBAE 分子链发生滑动变形，提高树脂的韧性，并且改善其脆性，连续相与分散相间由于彼此的活性基团之间存在相互作用而形成界面，应力会顺着界面方向延伸，以承担一部分外力，并且产生银纹[101, 102]。随着外力增大，银纹扩大并转变为微裂纹，在该过程中可以吸收大量的能量。根据 FT-IR 与能谱分析的结果可以看出，两相间存在强烈的相互作用，在连续相中存在均匀分布的粒径约为 1μm 的分散相。对比图 6.12（a）～（d）可以看出，随着 PES 质量分数的增加，分散相的粒径增大，而且断面的银纹数量明显减少。这是由于 PES 过量时，体系黏度过大，PES 不能均匀地分散，PES 之间容易发生团聚并形成大颗粒，这种大颗粒阻碍了与连续相间的界面形成，这不利于提高复合材料的韧性。

6.2.2　性能

1. 冲击强度

冲击强度是表征材料韧性的重要指标。PES 的质量分数对复合材料的冲击强度影响很大，为了探究 PES 质量分数对复合材料的冲击强度的影响，本节根据《塑料　简支梁冲击性能的测定　第 2 部分：仪器化冲击试验》（GB/T 1043.2—2018）制备了 PES 质量分数分别为 1%～9% 的 PES-MBAE 复合材料试样，并且每组选取5 个平行试样，通过悬臂梁简支梁冲击试验机测试，去除偏差较大的数据，取平均值，得到的测试结果如图 6.13 所示。

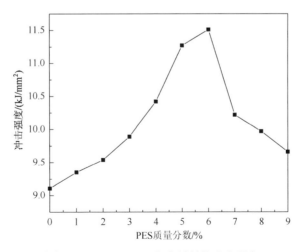

图 6.13　PES-MBAE 复合材料的冲击强度

从图 6.13 中可以看出，未改性 MBAE 的冲击强度很低（9.11kJ/mm²），这是因为 MBMI 本身结构对称、结晶度高，从而导致脆性大、韧性差。从图 6.13 中还可以看出，混入 PES 后，PES-MBAE 复合材料的冲击强度有了明显的提高，而且随着 PES 质量分数增加呈现先增大后减小的趋势。这种现象产生的原因可以通过 SEM 结果来说明，首先 MBAE 体系混入 PES 后，PES 在整个体系中是以两相结构存在的。当复合材料受到外力作用时，两相之间的界面可以有效地传递并及时地分散应力，这可以有效地提高韧性，并且在该过程中会产生银纹，随着外力增大，银纹扩大并会转变为微裂纹，在该过程中可以吸收大量的能量，因此可以大大提高复合材料的韧性，所以当 PES 质量分数为 6%时复合材料冲击强度高达 11.51kJ/mm^2，与未改性 MBAE 冲击强度相比提高了 26.34%。当 PES 过量时，冲击强度开始下降，根据之前的 SEM 结果可以看出，当 PES 过量时，体系黏度过高，因此导致 PES 很难均匀地分散在连续相中，整个体系中的 PES 呈现为大颗粒蜂窝状，成为缺陷，并且有可能作为应力集中源，这会导致复合材料的冲击强度下降，因此通过该测试可以看出 PES 质量分数不宜过大。

2. 抗弯强度

当材料受到弯曲作用力时，材料断面的上部称为受压区，下部则称为受拉区。受压/受拉区的最外延强度就是抗弯强度。抗弯强度可以衡量材料的抗弯曲能力，从一定程度上也反映了复合材料的韧性以及抗变形能力。按《塑料 试样状态调节和试验的标准环境》（GB/T 2918—2018）制备了 PES 质量分数分别为 1%～9%的 PES-MBAE 复合材料试样，并且每组选取 5 个平行试样，通过 CSS-4430 型电子万能测试机测试，去除偏差较大的数据，取平均值。图 6.14 为 PES-MBAE 复合材料的抗弯强度与 PES 质量分数的关系图。

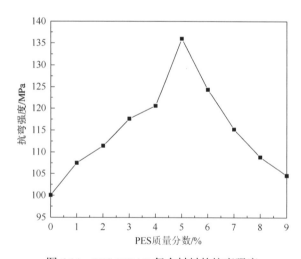

图 6.14　PES-MBAE 复合材料的抗弯强度

从图 6.14 中可以看出，未改性 MBMI 的抗弯强度不是很高，在 100.06MPa 左右，这是由于结晶度高，在受到弯曲作用力时，材料直接容易发生分子链滑脱，导致复合材料很迅速地沿着弯曲作用力方向开裂。根据图 6.14 还可以看出，随着 PES 质量分数的增加，复合材料的抗弯强度先增加后减小，这与冲击强度呈现出相同的规律。当 PES 质量分数低于 5% 时，PES 可以均匀地分散在基体中，分散相与连续相之间作用力强，在材料受到纵向弯曲应力时，PES 颗粒在与应力方向垂直的平面上的赤道附近受力最大，故 PES 颗粒在其赤道附近引发银纹的产生。随着外力增大，银纹扩大并会转变为微裂纹，在该过程中可以吸收大量的能量，因此表现为抗弯强度的提高。当 PES 质量分数为 5% 时，复合材料的抗弯强度达到 135.99MPa，与未改性 MBMI 的抗弯强度相比提高了 35.91%。当 PES 质量分数超过 5% 时，根据 SEM 的结果可以看出，PES 自身之间的作用增强，形成了尺寸大的大颗粒，分散相与连续相之间的作用减弱，并且该大颗粒在受到外力作用时会起到应力集中的作用，材料内部形成裂纹，裂纹扩展并最终形成断裂，这导致复合材料的抗弯强度下降。

6.3　SCE-Al_2O_3/PES-MBAE 复合材料的微观结构及性能

PES 在 MBAE 基体中起到了增韧剂的作用，因此选取适宜质量分数的 PES 并在此基础上掺杂 SCE-Al_2O_3。根据上述 PES-MBAE 复合材料的分析可以确定，当 PES 质量分数为 5% 时，PES-MBAE 复合材料的韧性是最佳的。因此选取质量分数为 5% 的 PES-MBAE 复合材料为基体，在此基础上掺杂不同质量分数的 SCE-Al_2O_3 制备 SCE-Al_2O_3/PES-MBAE 复合材料试样。

为了表述方便，对样品进行编号，如表 6.2 所示，表中，A 代表 MBAE 样品，B 系列为 PES 质量分数为 5%、SCE-Al_2O_3 质量分数为 0%～6% 依次提高的复合材料。

表 6.2　样品编号与组成

编号	组成	PES 质量分数/%	SCE-Al_2O_3 质量分数/%
A	MBAE	0	0
B0～B6	SCE-Al_2O_3/PES-MBAE	5	0, 1, 2, 3, 4, 5, 6

6.3.1　微观结构

1. FT-IR 分析

为了表征 SCE-Al_2O_3 是否掺入 PES-MBAE 体系，探究烯丙基化合物与 MBMI

之间的化学反应,利用 FT-IR 测试并分析 MBMI、SCE-Al$_2$O$_3$/MBAE 以及 SCE-Al$_2$O$_3$/PES-MBAE 复合材料,如图 6.15 所示。

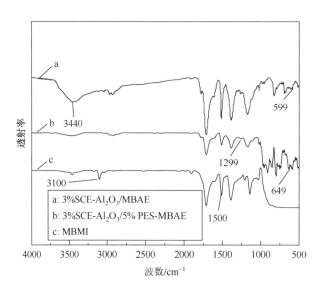

图 6.15　MBMI、SCE-Al$_2$O$_3$/MBAE 以及 SCE-Al$_2$O$_3$/PES-MBAE 复合材料的 FT-IR 图

　　从图 6.15 中可以看出,曲线 a、b、c 在 1500cm^{-1} 处均有亚胺基的伸缩振动峰。通过对比还可以看出,只有曲线 c 在 3100cm^{-1} 处有 MBMI 分子上的 C≡C 键的伸缩振动峰。在曲线 a、b 上该峰消失,意味着 MBMI 与烯丙基化合物之间会发生 1∶1 加成反应,该过程导致 C≡C 键的消失。曲线 a、b 在 3440cm^{-1} 处是—OH 的伸缩振动峰,这是由加成反应过程中引入带有羟基的 BBA 导致的,更进一步说明了 MBMI 单体与烯丙基化合物之间发生了反应。比较曲线 a、b,在 599cm^{-1}、649cm^{-1} 处存在六配位 Al—O 伸缩振动峰,这说明复合材料中掺入了 Al$_2$O$_3$ 颗粒。

　　2. SEM 分析

　　SCE-Al$_2$O$_3$ 自身之间分散状况良好,但是 SCE-Al$_2$O$_3$ 在基体中的分散情况未知。为了观察 SCE-Al$_2$O$_3$ 在基体中分散的状况以及 SCE-Al$_2$O$_3$/PES-MBAE 复合材料的断面形貌,利用 SEM 观察 MBAE、SCE-Al$_2$O$_3$/MABE 以及 SCE-Al$_2$O$_3$/PES-MBAE 复合材料的脆断面形貌,如图 6.16 所示。

　　从图 6.16(a)和(b)中可以看出,MBAE 基体的断面没有明显的银纹,属于典型的脆性断裂形貌,这是由 MBMI 自身的对称结构导致的。从图 6.16(c)和(d)中可以看出,SCE-Al$_2$O$_3$ 在 MBAE 基体中分散得很均匀,其中的白色亮点即 SCE-Al$_2$O$_3$ 颗粒。掺杂 SCE-Al$_2$O$_3$ 后的复合材料的断面存在很多银纹,属于韧性断裂形貌。产生这种现象的原因有可能是 $SCE-Al_2O_3$ 自身具有小的尺寸，比表面积大，$SCE-Al_2O_3$ 可以均匀地分散在 MBAE 体系中，起到了分散相的作用，当受到外力作用时，可以较好地传递外力并且引发屈服，消耗部分能量，起到增

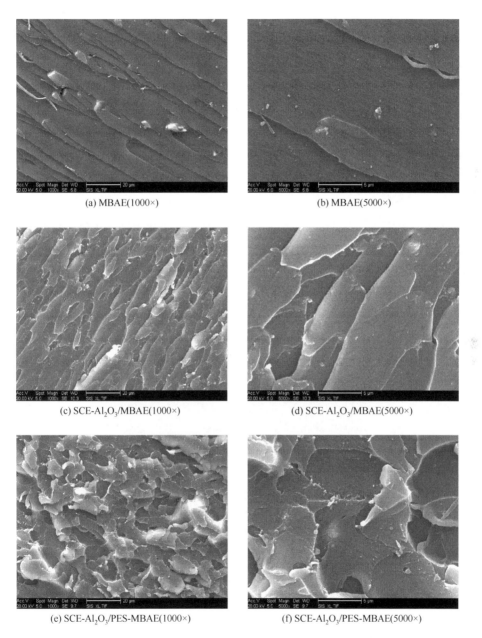

(a) MBAE(1000×)　　　　　　　　　　(b) MBAE(5000×)

(c) $SCE-Al_2O_3$/MBAE(1000×)　　　　(d) $SCE-Al_2O_3$/MBAE(5000×)

(e) $SCE-Al_2O_3$/PES-MBAE(1000×)　　(f) $SCE-Al_2O_3$/PES-MBAE(5000×)

图 6.16　MBAE、$SCE-Al_2O_3$/MBAE、$SCE-Al_2O_3$/PES-MBAE 复合材料的 SEM 图

韧作用。从图 6.16（e）和（f）中可以看出，SCE-Al$_2$O$_3$/PES-MBAE 复合材料呈现与 PES-MBAE 复合材料断面图类似的形貌，存在很多银纹，属于典型的韧性断裂形貌。通过对比还可以发现，在 SCE-Al$_2$O$_3$/PES-MBAE 复合材料的断面中不存在明显的界面，这与 PES-MBAE 复合材料不同；与 SCE-Al$_2$O$_3$/MBAE 复合材料对比可以发现，SCE-Al$_2$O$_3$/PES-MBAE 复合材料的断面也不存在明显的纳米粒子，整个断面不存在明显的分散相，这说明 SCE-Al$_2$O$_3$ 表面附着的乙醇分子可能起了桥接作用，将分散相与连续相连接在一起，整个体系呈现均一规整结构，这对复合材料的力学以及耐热性都有很大影响，通过 PES 以及 SCE-Al$_2$O$_3$ 共同改性 MBMI 的方法是有效的。

6.3.2　性能

1. 热稳定性

为了研究混入 PES 以及 SCE-Al$_2$O$_3$ 对复合材料热稳定性的影响，使用 Phyris 6 型热失重分析仪对 A 以及 B 系列 SCE-Al$_2$O$_3$/PES-MBAE 复合材料样品进行热失重分析测试，如图 6.17 所示。

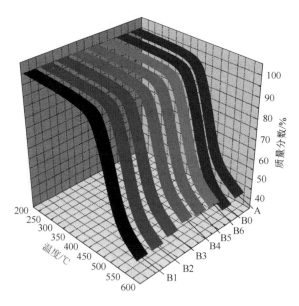

图 6.17　SCE-Al$_2$O$_3$/PES-MBAE 复合材料的热失重曲线三维带状图

由图 6.17 可见，B0 样品的残重率是最低的（40.55%）。这是由于 PES 的结构中含有大量的柔韧性基团，这些柔韧性基团虽然韧性好，但是耐热性差，混入 PES

后导致材料在高温下会损失较大重量；B1～B6 样品的残重率（600℃）在 43.47%～47.64% 浮动，其中 B4 样品的残重率最高。这是由于对高聚物材料加热时，材料一般会发生很多变化，其中物理变化包括软化、熔融等，化学变化包括交联、环化、分解、降解、水解、氧化等[103]，分子的热运动由于基体分子链的取向结构而受到制约。添加 SCE-Al_2O_3 后，由于 SCE-Al_2O_3 表面附着较多乙醇分子，SCE-Al_2O_3/PES-MBAE 复合材料整体呈现出规整结构，而且 SCE-Al_2O_3 与基体之间存在一定的相互作用，这在一定程度上制约了分子链热运动，如果要发生热分解，除了克服 MBAE 基体自身分子量链的化学键断裂所需要的能量，还需要克服基体与 SCE-Al_2O_3 之间的作用所需要的能量，因此会提高材料的耐热性[104]。但是，当 SCE-Al_2O_3 过量时，团聚现象会使相容性变差甚至出现分相现象，这会降低复合材料的热稳定性[105]。

SCE-Al_2O_3/PES-MBAE 复合材料的热分解温度如表 6.3 所示，表中，T_d 代表热分解温度，T_d^5 和 T_d^{10} 分别代表样品在质量损失 5% 和 10% 时所对应的温度。

表 6.3　SCE-Al_2O_3/PES-MBAE 复合材料的热分解温度

样品编号	T_d/℃	T_d^5/℃	T_d^{10}/℃
A	438.35	432.84	449.06
B0	423.89	421.18	446.28
B1	437.00	431.80	448.68
B2	439.91	432.70	449.61
B3	441.23	435.11	452.01
B4	444.41	441.18	457.09
B5	443.31	442.04	456.25
B6	442.85	439.56	454.46

由表 6.3 数据可见，MBAE 基体的热分解温度较高（$T_d = 438.35$℃，$T_d^5 = 432.84$℃，$T_d^{10} = 449.06$℃），这是由于 MBMI 本身具有亚胺环并且结构对称，结晶度高，该数据说明 MBMI 本身是耐热性优异的绝缘材料[106]。表 6.3 中 B0 样品的热分解温度最低（423.89℃），较 A 样品下降了 14.46℃。根据之前 SEM 的结果，PES 在 MBAE 基体中是以两相结构存在的，存在较多界面，这种结构虽然有利于提高韧性，却不利于耐热性，因此加入 PES 会降低复合材料的热分解温度[107]。通过分析表 6.3 中 B1～B6 样品的数据可以发现，B 系列样品的热分解温度随着 SCE-Al_2O_3 质量分数的增加呈现先增加后下降的趋势，而且 B1～B6 样品的热分解温度均高于 A 样品，当 SCE-Al_2O_3 质量分数为 4% 时达到最高（444.41℃）。这是

由于纳米 Al_2O_3 本身具有较高的热分解温度，耐热性优异，体系中引入纳米粒子对提高样品的热稳定性是有利的[108]。另外根据之前的 SEM 结果可以看出，SCE-Al_2O_3/PES-MBAE 复合材料的断面并没有明显的分散相，无机相与有机相之间存在强烈的相互作用，在热分解过程中破坏该相互作用需要消耗一定能量，这可以有效地提高材料的耐热性。但是当 SCE-Al_2O_3 过量时，纳米粒子由于相互碰撞的概率增加而导致团聚现象产生，这会形成较大颗粒，而且比表面积降低，纳米材料的特异作用因此削弱，同时体系的交联网络结构也被破坏，因此复合材料的耐热性下降。

2. 介电性能

1）相对介电常数

为了研究 PES 和 SCE-Al_2O_3 对复合材料的介电性能的影响，利用德国 NOVOCONTROL 公司生产的 CONCEPT40 型介电分析仪测试 A、B 系列样品的介电性能。A、B 系列样品的相对介电常数随着频率变化的曲线如图 6.18 所示。

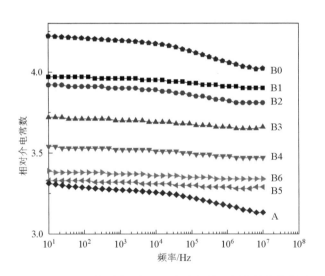

图 6.18　A、B 系列样品的相对介电常数随频率的变化曲线

每个样品的相对介电常数随着频率的增加呈现下降趋势，而且在小于 10^5Hz 的低频区域变化较小，在大于 10^5Hz 的高频区域下降很明显。这是由于复合材料在电场中发生极化时，偶极子的转向在较低交变电场的频率下跟得上电场的变化。当频率高于 10^5Hz 时，在介质的内黏滞作用与摩擦阻力的影响下，偶极子的转向会落后于电场的变化，相对介电常数由于取向极化的减少而降低。通过对比图 6.18 中曲线可知，混入 PES 后的复合材料的相对介电常数明显高于基体。这是由于 PES

带有极性基团，当 MBAE 体系混入 PES 后，体系整体的极性基团密度增大，而取向极化程度主要取决于分子的极性，当极性增强时，取向极化增加，因此混入 PES 后的复合材料的相对介电常数增加，并且根据 SEM 结果可知 PES 在基体中呈现两相结构，存在大量的界面，而相对介电常数反映的是材料贮存电荷的能力，由于界面可以吸附大量电荷，并且可以引发界面极化，材料的相对介电常数增加。而 SCE-Al₂O₃/PES-MBAE 复合材料的相对介电常数则随着 SCE-Al₂O₃ 质量分数的增加而呈现下降趋势。一方面，纳米 Al₂O₃ 具有较高的相对介电常数（10.51），随着纳米粒子质量分数的增加，复合材料的极性基团密度增大，这会导致复合材料相对介电常数的增加，并且当 SCE-Al₂O₃ 质量分数较大时，无机组分之间的相互作用会导致纳米粒子的团聚，团聚的大颗粒在复合材料内部会形成类似孔洞等缺陷，这直接影响复合材料内部电荷的分布，在外电场作用下界面极化增强，宏观上表现为相对介电常数的增高，而且 SCE-Al₂O₃ 的引入可能带来杂质，在一定程度上也会影响复合材料的相对介电常数；另一方面，经过超临界乙醇改性后的纳米 Al₂O₃ 由于羟基被中和会降低其极性，当 SCE-Al₂O₃ 质量分数较小时，虽然 SCE-Al₂O₃ 仍然带有部分极性基团，但是相对于 PES-MBAE 体系含量很小，掺杂 SCE-Al₂O₃ 后，无机相与有机相之间的作用增强，根据 SEM 的结果可以看出，当 SCE-Al₂O₃ 质量分数较小时，复合材料断面看不到明显的分散相，内部结构相对规整，这可以有效地减少界面极化，并且降低复合材料贮存电荷的能力，复合材料的相对介电常数因此而降低。

2）介电损耗角正切

图 6.19 为 A、B 系列样品介电损耗角正切随着频率变化的曲线。

复合材料的 tanδ 主要取决于材料的极性以及极性密度。从图 6.19 中可以看出，所有样品的 tanδ 随着频率的增加而增大，并且在小于 10⁴Hz 的低频区变化较小。这是由于介电损耗主要来源于电导损耗与松弛损耗。在低频区时，由于偶极子转向可以跟得上电场变化，吸收的能量可以及时地还给电场，产生的损耗较小。在高频区时，由于内黏滞以及摩擦力的作用，偶极子转向不能跟得上电场变化，而且克服摩擦力需要消耗掉部分能量并转变为热量，导致介电损耗的增加[109]。从图 6.19 中可以看出，混入 PES 后，复合材料的 tanδ 明显增大，这是由于 PES 与基体之间有强烈的相互作用，复合材料内部的微量导电载流子在运动的过程中需要克服 PES 与基体之间的摩擦阻抗，导致电导损耗的增加，并且由于 PES 自身带有极性基团，松弛极化能力增加，也产生了松弛损耗。SCE-Al₂O₃ 在基体中可以均匀地分散，相容性较好，复合材料内部的界面减少，这可以在一定程度上降低因克服内摩擦而产生的电导损耗，并且超临界乙醇改性后的纳米粒子极性下降，相应的松弛损耗也会减少，因此复合材料的介电损耗降低。

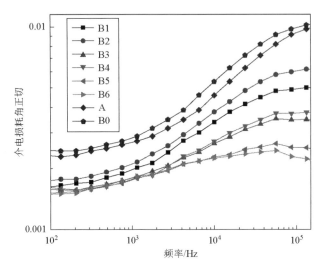

图 6.19　A、B 系列样品介电损耗角正切随着频率变化的曲线

3）体积电阻率

体积电阻率是衡量材料绝缘性的重要指标，绝缘材料的体积电阻率为 $10^8 \sim$ $10^{18}\Omega\cdot m$。MBMI 是绝缘性优异的树脂，其体积电阻率的数量级高达 $10^{15}\Omega\cdot m$，为了研究混入 PES 以及 SCE-Al_2O_3 后对其绝缘性的影响，利用 ZC36 型高阻计测试 B 系列样品的体积电阻率，如图 6.20 所示。B0 样品的体积电阻率最低（$8.1\times10^{14}\Omega\cdot m$），与未改性的 A 样品（$7.2\times10^{15}\Omega\cdot m$）相比，降低了一个数量级，这是由于在研究绝缘材料的绝缘性时，必须考虑到载流子，其中包括载流子的性质、运动方式以及数目，载流子主要包括电子、离子、空穴等形式，其可能来自于材料内部或者杂质[110]。MBAE 体系混入 PES 后，由于 PES 是以两相形式存在于 MBAE 基体中的，在这个过程中会产生很多的界面，而界面是离子型载流子的聚集处，材料内部形成界面后会导致离子型载流子的数目增多，因此降低了材料的体积电阻率。通过图 6.20 还可以看出，随着 SCE-Al_2O_3 质量分数的提高，复合材料的体积电阻率呈现先增加后减小的趋势，这是由于 SCE-Al_2O_3 本身对材料体积电阻率的影响主要有两方面。一方面，Al_2O_3 表面经超临界乙醇改性后会附着乙醇分子，乙醇分子会起到桥接作用，将分散相与连续相连接在一起，界面会减少，因此在一定程度上抑制了载流子的数目增加；另一方面，纳米 Al_2O_3 作为一种离子型化合物，经过超临界流体改性后在外电场的作用下会产生极化，并且电离倾向增加。随着 SCE-Al_2O_3 质量分数的增加，无机组分之间的作用加强，会产生团聚。电离以及团聚造成的缺陷会使整个体系的载流子数目增加，从而导致材料的绝缘性下降。当 SCE-Al_2O_3 质量分数较低时，SCE-Al_2O_3 与有机相之间的作用强，减少了界面，因此提高了复合材料的绝缘性；当 SCE-Al_2O_3 质量分数较高时，

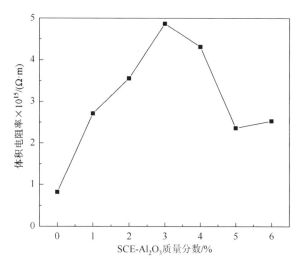

图 6.20　B 系列样品的体积电阻率与 SCE-Al₂O₃ 质量分数的关系曲线

无机组分之间的作用加强，电离以及团聚降低了复合材料的体积电阻率。当 SCE-Al₂O₃ 质量分数为 3%时，B 系列样品的体积电阻率达了最高，为 $4.87 \times 10^{15} \Omega \cdot m$，与未改性的 A 样品相比，还是有所降低，但是并未改变数量级，这说明掺杂 SCE-Al₂O₃ 可以弥补由于混入 PES 造成的绝缘性能损失。

4）击穿强度

击穿强度是指材料在一定温度和环境下单位厚度的击穿电压，是衡量绝缘材料绝缘性能的重要指标，可作为材料耐压的相对比较。为了研究混入 PES 以及 SCE-Al₂O₃ 对复合材料的击穿强度的影响，本节利用超高压耐压测试仪分别测试 A、B 系列样品的击穿强度。每个样品选取 5 个击穿点，根据公式计算击穿强度，去除无效数据后求取平均值作为击穿强度。同时利用 SEM 观察击穿后的击穿孔表面以及内部形貌，如图 6.21 所示。

由图 6.21 可以看出，B0 样品与 B4 样品的击穿孔形貌完全不同。B0 样品的击穿孔呈现不规则圆洞，并且周围烧蚀面积大，击穿孔内部具有较多孔洞。通常高聚物的击穿主要是电击穿与热击穿。当体系混入 PES 颗粒后，由于 PES 为热塑性树脂，在击穿过程中由于热量过高，可能会将分散在基体中的 PES 颗粒烧蚀，因此最终的击穿孔产生了较多的孔洞。B4 样品的击穿孔呈现较为规则的圆孔，与 B0 样品相比烧蚀面积较小，击穿孔内部没有孔洞，并且表面有纳米粒子析出。这是由于体系混入 SCE-Al₂O₃ 后，复合材料的耐热性提高，并且由于附着在纳米 Al₂O₃ 表面的超临界乙醇的桥接作用，PES 颗粒与基体之间不仅仅是简单的两相结构，由于体系内部结构规整，发生热击穿需要更高的能量，在一定程度上可以提高复合材料的击穿强度。

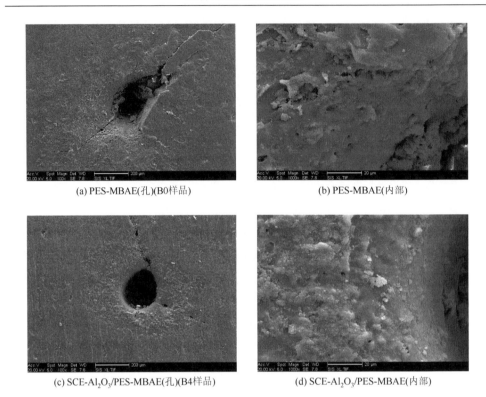

(a) PES-MBAE(孔)(B0样品)　　　　　　　(b) PES-MBAE(内部)

(c) SCE-Al₂O₃/PES-MBAE(孔)(B4样品)　　　(d) SCE-Al₂O₃/PES-MBAE(内部)

图 6.21　B 系列样品击穿孔的 SEM 图

B 系列样品的击穿强度与 SCE-Al₂O₃ 质量分数的关系曲线如图 6.22 所示。

从图 6.22 中可以看出，B0 样品的击穿强度最低（12.57kV/mm），与未改性的 A 样品（16.23kV/mm）相比下降了 3.66kV/mm，这是由于体系混入 PES 后会形成空隙和陷阱，而且由于大量的界面形成，复合材料的介电损耗会大大增加，导致电击穿以及热击穿。此外，混合时采用机械搅拌的方法，而材料的耐电压性取决于材料本身的均匀性，由于工艺会导致材料整体的均匀性并不是特别好，所以混入 PES 后会导致复合材料的击穿强度降低。通过观察图 6.22 还可以发现，随着 SCE-Al₂O₃ 质量分数的增加，复合材料的击穿强度先增加，当质量分数超过 4%时，又开始下降，这与体积电阻率呈现了相同的趋势。当 SCE-Al₂O₃ 质量分数较低时，有机相与无机相之间的作用加强，超临界流体改性后的纳米 Al₂O₃ 可以有效地减少材料内部的界面，并且根据介电性能的分析结果可以看出，由于 SCE-Al₂O₃ 表面附着的乙醇分子会降低材料的介电损耗，这会抑制热击穿的发生。当 SCE-Al₂O₃ 质量分数较高时，SCE-Al₂O₃ 在 MBAE 体系中分散不均匀，无机组分之间的作用增强，会形成不同粒度的二次团聚颗粒，而且在固化过程中由于梯度升温等不稳定原因，团聚的趋势会加剧，这会导致在测试过程中电场的畸变和集中，同时在

测试时由于不能及时地传导热量，在弱点处可能发生热击穿。此外，当 SCE-Al$_2$O$_3$
过量时，在材料内部容易形成较多的缺陷，产生较多并且分布均匀的应力集中点，
材料容易变脆并且在弱点处破坏，也会在一定程度上造成击穿强度的下降。根据
图 6.22 可以看出，适量掺杂 SCE-Al$_2$O$_3$ 可以提高复合材料的击穿强度。

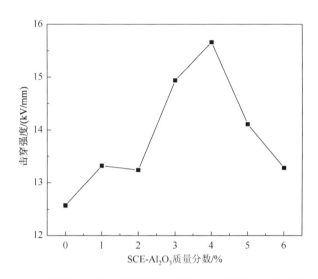

图 6.22　B 系列样品的击穿强度与 SCE-Al$_2$O$_3$ 质量分数的关系曲线

3. 力学性能

1）冲击强度

为了研究掺杂 SCE-Al$_2$O$_3$ 对复合材料的冲击强度的影响，对 B 系列样品进
行冲击强度测试，得到的冲击强度与 SCE-Al$_2$O$_3$ 质量分数关系的曲线如图 6.23
所示。

由图 6.23 可以看出，SCE-Al$_2$O$_3$ 的掺入可以进一步提高复合材料的冲击强度，
当 SCE-Al$_2$O$_3$ 质量分数为 2% 时，复合材料的冲击强度达到最高，为 13.19kJ/mm^2，
与基体树脂（9.13kJ/mm^2）相比提高了 44.47%；但是当 SCE-Al$_2$O$_3$ 质量分数超过
2% 时，复合材料的冲击强度会降低。这种现象可以根据之前的 SEM 结果来分析，
一方面，因为 SCE-Al$_2$O$_3$ 自身尺寸小，比表面积大，SCE-Al$_2$O$_3$ 与树脂之间的接
触面积会很大，并且纳米粒子可以与基体紧密地结合在一起；另一方面，由于
SCE-Al$_2$O$_3$ 的分散性好，可以均匀地分散在 MBAE 体系中，当受到外力作用时，
SCE-Al$_2$O$_3$ 可以作为分散相传递外力并且引发屈服，消耗部分能量，起到增韧作
用。此外，由于掺杂 SCE-Al$_2$O$_3$ 后附着在纳米粒子表面的乙醇分子能够将各个分
散相之间连接起来，材料整体呈现较为规整的结构，因此提高了复合材料的冲击

强度。但是当纳米粒子过量时会导致材料出现较多缺陷，破坏了原有的规整结构，因此冲击强度降低。

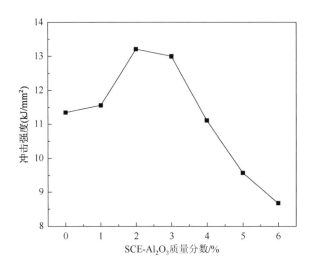

图 6.23　B 系列样品的冲击强度与 SCE-Al₂O₃ 质量分数关系曲线

2）抗弯强度

为了研究掺杂 SCE-Al₂O₃ 后对复合材料的抗弯强度影响，本节利用 CSS-4430 型电子万能测试机测试了 B 系列样品的抗弯强度，得到的抗弯强度与 SCE-Al₂O₃ 质量分数的关系曲线如图 6.24 所示。

从图 6.24 中可以看出，掺杂 SCE-Al₂O₃ 可以进一步提高复合材料的抗弯强度，而且随着 SCE-Al₂O₃ 质量分数的增加，复合材料的抗弯强度呈现先增加后减小的趋势，这与冲击强度呈现的趋势类似。当 SCE-Al₂O₃ 质量分数为 3%时，B3 样品的抗弯强度可以达到 141.21MPa，与基体（108.02MPa）相比提高了 30.73%，这对于复合材料的韧性提高是显著的。通过 PES 与 SCE-Al₂O₃ 共同改性 MBMI 是可以进一步提高其韧性的。这是因为当 PES 与 SCE-Al₂O₃ 共同改性 MBMI 时，由于超临界乙醇改性后的特殊效应，二者会存在协同作用，有效地填补了材料内部的缺陷并且发挥了分散相的优异性能。在受到弯曲作用力时，由于 SCE-Al₂O₃ 的存在会产生银纹，并且在银纹扩展过程中由于接触到 PES 颗粒而终止。该过程会吸收能量，因而提高了材料的抗弯强度。此外，随着纳米粒子的掺杂，材料内部变得规整，因此破坏材料时需要较大的力。但是当 SCE-Al₂O₃ 过量时，由于纳米粒子本身会发生团聚现象，形成较大的颗粒，这会在材料内部形成较多的缺陷，因此容易导致应力集中或者应力开裂，最终导致抗弯强度的下降。

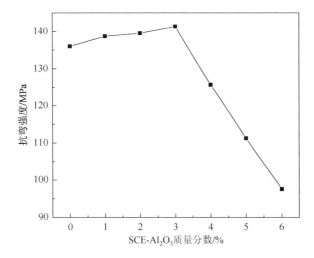

图 6.24　B 系列样品的抗弯强度与 SCE-Al$_2$O$_3$ 质量分数的关系曲线

第 7 章   SCE-SiO₂/PES-MBAE 复合材料的微观结构及性能研究

7.1   SCE-SiO₂/PES-MBAE 复合材料的微观结构

7.1.1   FT-IR 分析

图 7.1 为超临界流体改性的 SiO_2（SCE-SiO₂）与未改性的 SiO_2 的 FT-IR 图。

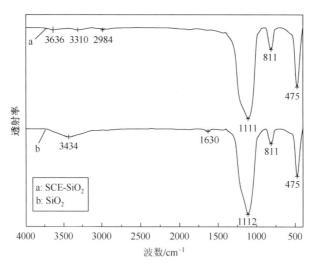

图 7.1   SCE-SiO₂ 与 SiO₂ 的 FT-IR 图

图 7.1 中，曲线 a 和 b 在 $1111 \sim 1112cm^{-1}$、$811cm^{-1}$、$475cm^{-1}$ 处存在相同的特征峰。$1111 \sim 1112cm^{-1}$ 处宽而强的峰是 Si—O—Si 的不对称伸缩振动峰，$811cm^{-1}$ 和 $475cm^{-1}$ 则是 Si—O 的对称伸缩和弯曲振动峰。曲线 b 在 $1630cm^{-1}$ 处是结构水的特征峰，此峰在高温煅烧后消失；$3434cm^{-1}$ 处是 Si—O—H 的伸缩振动峰，说明未改性的 SiO_2 表面含有大量的 Si—OH。而在曲线 a 中，$3434cm^{-1}$ 处的特征峰基本消失，这代表 SCE-SiO₂ 表面的—OH 大量减少；新出现在 $3310cm^{-1}$ 处的特征峰来自于乙醇中的—OH 之间的相互作用，$2984cm^{-1}$ 处是甲基和亚甲基的特征峰，

3636cm^{-1} 处是表面的游离—OH 的特征峰。根据以上试验结果，可以进行如下推测，在超临界状态下的乙醇分子之间的氢键减弱，与 SiO$_2$ 表面的羟基产生了较强的相互作用，这种相互作用可能是物理的结合，也可能是化学的键合，通过其后的 SEM 分析显示纳米粒子无明显团聚，引入后使材料性能发生的变化可以佐证这种键合作用能稳定地存在于材料的成型过程中。当 SCE-SiO$_2$ 加入基体中时，连接在纳米粒子表面的乙醇基团能起到桥接的作用，提高纳米粒子与其他组分之间的相容性；同时，纳米粒子表面的 Si—OH 减少，表面能降低，纳米粒子自身的团聚性也减少，有利于在基体中的分散，使纳米粒子对体系的性能改善更加有效。

7.1.2　SEM 分析

1. MBAE 基体的 SEM 分析

为了加深对 MBAE 基体韧性的正确认识，首先对 MBAE 基体的断面形貌进行表征，如图 7.2 所示。

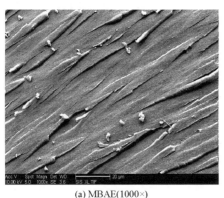
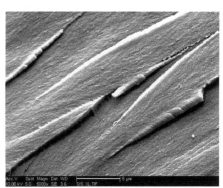

(a) MBAE(1000×)　　　　　　　　　　(b) MBAE(5000×)

图 7.2　MBAE 基体的断面形貌

由图 7.2 可以看出，MBAE 基体的断面形貌比较平整光滑，可以看到明显的断裂纹，裂纹较长，断裂发展方向一致，断裂起始裂口清晰，整体断裂呈现为脆性断裂。这是因为 MBAE 基体虽然在 BMI 的基础上通过与烯丙基化合物共聚达到提高分子链柔性、降低交联密度的目的，但是整个体系仍然保持很高的交联密度，内部结构依然十分规整，使得材料在受到外力作用发生破坏时，断裂纹的扩展受到的阻力小，在应力场的作用下可以顺利地发展下去，直到材料破坏。但是烯丙基化合物对 MBAE 基体的增韧效果仍不可忽略，从图 7.2（b）中可以看出，断面并非十分光滑，具有很多细小的纹理，这是因为烯丙基化合物与 MBAE 基体聚合的过程中，整个体系不可能完全均聚，材料内部各有差异，而裂纹发展过程中遇到这些有差异的结构时，会向较韧的部位产生应力集中，此时的应力集中效应较弱，无法改变裂纹整体的发展，但是仍可分散小部分应力。综上所述，MBAE基体虽然通过烯丙基化合物增韧，但是仍具有十分大的脆性，对其再改性增韧是十分必要的。

2. SCE-SiO₂/MBAE 复合材料的 SEM 分析

为了观察 SCE-SiO₂ 在基体中的聚集态结构，分析不同质量分数 SCE-SiO₂ 对基体微观形貌的影响。利用 SEM 对 SCE-SiO₂ 质量分数分别为 1%、2%、3%和 4%的 SCE-SiO₂/MBAE 复合材料进行表征，如图 7.3 所示。

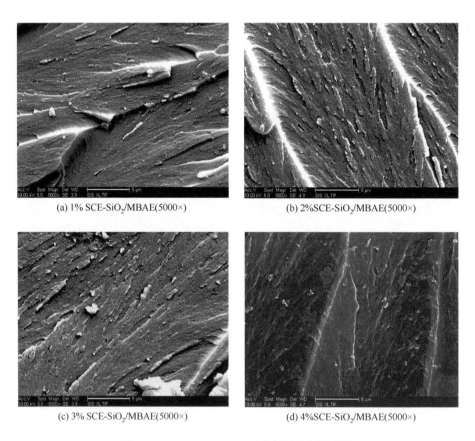

(a) 1% SCE-SiO₂/MBAE(5000×)　　　　　　(b) 2%SCE-SiO₂/MBAE(5000×)

(c) 3% SCE-SiO₂/MBAE(5000×)　　　　　　(d) 4%SCE-SiO₂/MBAE(5000×)

图 7.3　SCE-SiO₂/MBAE 复合材料的断面形貌

加入 SCE-SiO₂ 后，断裂形貌相比 MBAE 基体发生了明显的变化，断面变得更加粗糙，在整体裂纹发展趋势不变的情况下出现了大量的微裂纹，这些微裂纹密布于整个断面，图 7.3（b）和（c）中最为明显，大量微裂纹都发展并形成了片层鱼鳞状结构，这样的断裂形貌体现了部分韧性断裂的特征。这些断裂形式的改变均得益于 SCE-SiO₂ 对基体的增韧作用，具体机理可以解释为纳米 SiO₂ 经过超临界流体改性后，在一定的质量分数以内可以良好地分散在基体中，并且与基体相容性良好。当断裂发生时，断裂纹的尖端被纳米粒子不断阻挡，从而由直线发展转为绕过纳米粒子沿着其界面方向继续发展。大量纳米粒子不断对断裂纹形成阻挡作用，最终导致裂纹的方向改变，并呈现为曲线发展。如果纳米粒子质量分数适当，大量的断裂纹之间相互穿插影响，所以出现了图 7.3（b）和（c）中的片层鱼鳞状结构。在这样的过程中，断裂纹的应力场不断被纳米粒子分散和吸收，故而材料的韧性也会提升，出现由脆性断裂向韧性断裂的转变[111]。

SCE-SiO₂ 对基体的增韧效果与其质量分数有着密切的联系。从图 7.3（a）中可以看出，当 SCE-SiO₂ 质量分数为 1%时，由于纳米粒子的量太少，对基体的增韧效果并不明显，相对于纯 MBAE，断面变化仅限于微裂纹数量变多和更加明显；随着质量分数增加，图 7.3（b）中质量分数为 2%的 SCE-SiO₂ 表现出了对基体很好的增韧效果，在材料的断面上出现大量明显的片层鱼鳞状结构；随着质量分数继续增加，质量分数为 3%的 SCE-SiO₂ 微观形貌与图 7.3（b）类似，但是片层鱼鳞状结构相对变浅，表面能观测到粒径较大的纳米颗粒，这说明纳米粒子在较高的质量分数下已经出现了少量的团聚现象，团聚使得纳米粒子的比表面积变小，不能发挥其作为纳米粒子的特殊效应，反而因为粒径的变大形成了结构中的缺陷；当纳米粒子质量分数继续增加到 4%后，图 7.3（d）出现了明显的团聚现象，纳米粒子很难分散，大量的纳米粒子团聚在一起，或形成小块，或形成絮状片层。这样的结构在树脂内部形成了严重的缺陷，纳米粒子失去其自身纳米效果的同时，其聚集体对于增韧起到了反作用。当断裂发展到这些团聚带来的缺陷结构时，这些缺陷使应力场重新集中并继续发展成裂纹延展下去，非常不利于材料力学性能的提高，所以图 7.3（d）中的断面相对恢复了平滑，且片层鱼鳞状结构明显减少或消失。综上，从复合材料的断面形貌分析中可以得出，当 SCE-SiO₂ 质量分数为 2%时对 SCE-SiO₂/MBAE 复合材料有最好的增韧效果。

3. PES-MBAE 复合材料的 SEM 分析

PES 在体系中以两相形式分散，为了研究其分散情况与界面，此处利用 SEM 对 PES-MBAE 复合材料的断面形貌进行表征，如图 7.4 所示。

从图 7.4 中可以看出，PES 以聚集态的形式分散于基体中，与基体之间为两相结构，PES 表现为蜂窝状的分散相，与基体间存在明显的界面。PES 呈聚集态是因为 PES 与基体之间存在相分离过程，即在 MBAE 的固化过程中，随着交联

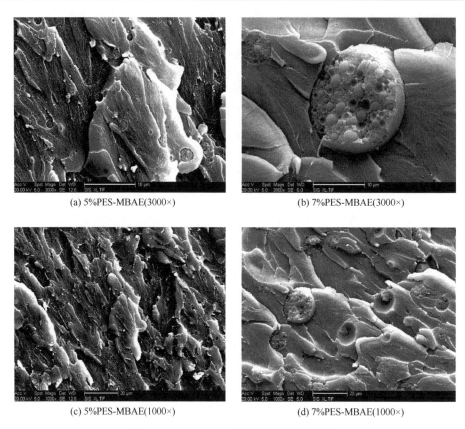

(a) 5%PES-MBAE(3000×)　　　　　　　(b) 7%PES-MBAE(3000×)

(c) 5%PES-MBAE(1000×)　　　　　　　(d) 7%PES-MBAE(1000×)

图 7.4　PES-MBAE 复合材料的断面形貌

密度的提高，PES 与 MBAE 的相容性降低，体系内部一定区域的 PES 会借助热运动相互靠近，并借助 MBAE 体系的固化过程使其聚集态固定下来。从图 7.4 中可以明显看出，MBAE 的聚集体由很多小型的 MBAE 颗粒组成，这些颗粒之间填充着基体并借由其固定下来。聚集体的大小与所引入的 PES 的质量分数存在正比关系，当 PES 质量分数为 5%时，体系中 PES 聚集体粒径为 2~5μm，而当 PES 质量分数达到 7%时，出现了粒径大于 10μm 的聚集体，这是因为 PES 对复合材料的黏度影响较大，PES 质量分数越大，树脂体系的黏度上升越明显，在相分离过程中 PES 的热运动受到抑制，在树脂固化过程的较早阶段就可能聚集在一起很难分散开，而质量分数大也意味着区域内可聚集的 PES 颗粒多，这些影响都会随着固化反应的完成而体现出来；同时，PES 过量更有利于出现多次聚集的过程，也就是说，PES 在进行相分离而出现的较大聚集体之间还会与别的聚集体相互靠拢，进行二次甚至多次的聚集过程。因此，PES 质量分数越大，成型后在材料中的聚集体越大，PES 质量分数与聚集态并非以线性而是以指数形式发生变化[112]。

　　PES 与基体之间的界面十分明显，单个 PES 颗粒或者其聚集体与基体之间均存在界面。首先解释 PES 与基体之间的界面。在相分离过程发生以前，PES 以溶质的形式溶解于 MBAE 体系中，在这个过程中 PES 的分子链段会与 MBAE 体系的链段相互渗透、相互穿插，最终会有分子链的缠结现象。随着固化进度的推进，这些缠结的分子链最终固定下来，形成 PES 与基体之间的界面区域。而 PES 聚集体与 MBAE 之间的界面则十分复杂，主要可以解释为 PES 在相分离过程中，与其缠结的基体链段也会跟随其一并运动，这类基体链段相互反应或者中间借由较短的基体自由链段连接，最终固化，存在于 PES 颗粒之间的基体分子链成为 PES 聚集体中的一部分，在聚集体内部可以看作 PES 之间相互连接的桥梁。PES 聚集体的表面链结构与其初级粒子的形式类似，再次或者多次聚集过程均可这样解释。从 SEM 图中可以观测到的蜂窝状粒子均为各个级别的 PES 聚集体，这些聚集体与基体之间的界面十分明显，这是因为最初 PES 颗粒的比表面积大，所连接的基体分子链多，缠结密度也高，而随着 PES 的聚集，若把这些聚集体与最初 PES 颗粒看作同类粒子，则其比表面积越来越大，与 PES 链段连接的基体链段越来越少，缠结密度大幅度减小，所以界面会越来越明显。

由于 PES 的存在，PES-MBAE 复合材料的断裂形貌发生了巨大变化，从图 7.4 中可以看出，断面十分粗糙，从整体可以勉强看出断裂方向，断面存在许多凹凸不平、杂乱无章的结构，断裂纹十分分散且较短，向各个方向均有发展，这样的断裂形式具备典型的韧性断裂特征。当断裂纹的尖端发展到 PES 的聚集体时，与聚集体和基体之间的界面发生接触，吸收了大量能量，这对上述现象进行了解释[113]。

断面直接穿透界面，在聚集体内部进行发展，切割聚集体内 PES 颗粒之间的基体，这时应力场会对断面周围的 PES 颗粒产生挤压为主的应力作用，而韧性较强的 PES 颗粒则能很好地分散、传递和吸收这些应力，进而降低应力场大小，吸收断裂能量。这种情况往往存在于 PES 质量分数较大、结构中含有较大或者聚集次数较多的 PES 聚集体中，而且在这种情况下 PES 对断裂的影响较小，只能分散和吸收小部分断裂能。

断面无法穿透韧性较强的 PES 聚集体，转而沿着界面继续发展，形成沿着界面切线的两个或者多个断裂。这是由于断裂纹尖端与界面接触时，无法破坏聚集体，从而在此处产生了分散，一部分应力场对 PES 聚集体产生挤压作用，韧性较强的 PES 将这部分应力进行吸收并向界面进行分散传递，其中由挤压产生的应力传递主要集中于裂纹发展方向；而另一部分应力场则作用于界面联结的基体，沿着球形的界面区一部分裂纹断裂方向发生改变，一部分裂纹会继续发展，其发展趋势主要沿着界面，但是也可能因为基体结构的差异转变方向。在这些应力变化的共同作用下，材料中则会在 PES 周围出现多种断裂发展差异，而在这些过程中，PES 聚集体扮演了分散、传递和吸收能量的重要角色。这种情况通常发生在 PES

质量分数合适、聚集体粒度较小、聚集次数很低、界面结合牢固时，此时 PES 对断裂的转变起到了重要的作用。

除了以上情况，还可能发生 PES 脱粒形成空穴等现象，这些现象通常发生概率较低，或对断裂影响较小，或起因于制备过程的不稳定性，故不在此进行深究。

结合这些情况，可得出复合材料的断裂形貌受到 PES 聚集体形态的直接影响，而 PES 聚集体形态主要取决于复合材料中 PES 的质量分数。

4. SCE-SiO$_2$/PES-MBAE 复合材料的 SEM 分析

为了研究 SCE-SiO$_2$ 与 PES 在基体中的共同存在形式与二者的相互作用，此处利用 SEM 表征 SCE-SiO$_2$/PES-MBAE 复合材料的断面形貌，所选样品为质量分数 2%的 SCE-SiO$_2$ 与质量分数 5% PES 的 SCE-SiO$_2$/PES-MBAE 复合材料，断面形貌如图 7.5 所示。

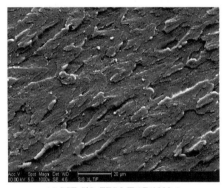 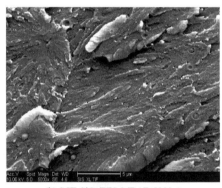

(a) SCE-SiO$_2$/PES-MBAE(1000×)　　　(b) SCE-SiO$_2$/PES-MBAE(5000×)

图 7.5　SCE-SiO$_2$/PES-MBAE 复合材料的断面形貌

从图 7.5 中可以看出，相对于 PES-MBAE 复合材料，SCE-SiO$_2$/PES-MBAE 复合材料的断面形貌在较小倍率（1000×）下变化不大，整个断面比较粗糙，断裂纹发展为各向异性，呈现出了韧性断裂的典型特征。在较大倍率（5000×）下可以明显看出，PES 在体系中所呈现出的粒径在 1μm 以下，而且分散十分均匀。PES 与基体之间的界面形态也发生了变化，并且 PES 与基体之间的界面变得相对模糊，界面相容性良好，界面更加稳定，体系中的 PES 脱粒现象十分稀少。此外，在 PES 颗粒之间的基体区域还出现了纳米粒子所带来的片层鱼鳞状结构。

综合这些形貌特征，可以进行如下分析：从分散相的角度看，纳米粒子良好地分散在基体之中，很难观测到明显的聚集体，PES 聚集体及其分布相对 PES-MBAE 体系均发生了变化，这些变化得益于 SCE-SiO$_2$ 在体系中对 PES 所产生的协助作用，可以解释为影响 PES 反应诱导相分离过程的因素由于 SCE-SiO$_2$

的存在而发生了变化，使得 PES 聚集体的影响范围变小，多次聚集难度提高，所以最终的固化产物中 PES 能呈现出更小的粒径与更好的分散。PES 与基体之间的界面同样也由于 SCE-SiO₂ 发生了变化，这是因为纳米粒子首先分散在体系中，当 PES 发生相分离时，纳米粒子因为热运动进入 PES 与基体链之间的缠结区域后被固化反应所冻结，固化结束后 PES 聚集体内部及其界面中均有纳米粒子的填补，而改性后的 SCE-SiO₂ 与基体和 PES 均具有良好的相容性，所以无论 PES 聚集体内部颗粒之间的界面还是 PES 与基体之间的界面都因为 SCE-SiO₂ 的填补作用而得到改变，呈现出相容性良好、界面模糊的良好状态。

从整个树脂体系的断面形貌上看，断裂受到 PES 的影响较大，在 1000× 倍率下主要呈现与 PES-MBAE 体系相似的断面形貌，而随着倍率提升，在 5000× 时则可以观测到密布于整个材料内部的纳米粒子所带来的片层鱼鳞状结构，这是 PES-MBAE 体系所不具备的。从之前的研究分析中已经说明，PES 对树脂体系的断面形貌影响最大，使材料实现了脆性断裂向韧性断裂的转变，但是由于它以聚集体形式分散在基体中，分散的相对密度较小，若想以更多的 PES 来进一步提升材料的韧性，一方面存在 PES 聚集体增大，界面性能降低，增韧效果变差的问题；另一方面则带来成型难度陡升的问题。而在 SCE-SiO₂/PES-MBAE 复合材料中，PES 聚集体的内部由于得到纳米粒子的填补，自身力学性能进一步提升，更加有利于其增韧效果的发挥，同时界面得到改善，对于材料的综合性能具有重要意义。此外，整个体系中存在纳米粒子所带来的片层鱼鳞状结构，这对于韧性的提升也具有实际意义。因此不难发现，SCE-SiO₂/PES-MBAE 复合材料的断裂过程受到 PES 与 SCE-SiO₂ 的共同作用，二者在断裂过程中均发挥各自的增韧效用，同时具备相互之间的协同效应。

7.2　SCE-SiO₂/MBAE 和 SCE-SiO₂/PES-MBAE 复合材料的性能

7.2.1　SCE-SiO₂/MBAE 复合材料的性能

1. 力学性能

1）冲击强度

冲击强度是衡量材料韧性的重要指标，本节按照《树脂浇铸体性能试验方法》（GB/T 2567—2008）对材料的冲击强度进行测试。制备 SCE-SiO₂ 质量分数为 0%~3% 的 SCE-SiO₂/MBAE 复合材料样品，测试结果如图 7.6 所示。

未改性的 MBAE 基体本身韧性不佳，冲击强度仅为 $9.55kJ/m^2$，这是因为基体内部交联密度高，结构高度规整，断裂纹的发展阻碍小，断裂尖端不易钝化。

而加入 SCE-SiO$_2$ 以后，复合材料的冲击强度随着 SCE-SiO$_2$ 质量分数的增加出现先增大后减小的趋势，当 SCE-SiO$_2$ 质量分数为 2%时，SCE-SiO$_2$/MBAE 复合材料的冲击强度为最大值（11.09kJ/m^2）。这可以与之前的断面形貌结合起来进行解释，改性后的 SCE-SiO$_2$ 与体系相容性良好，能均匀分散在基体中，阻碍材料破坏时断裂纹的发展，吸收分散断裂产生的能量，体系中纳米粒子的相对分散密度越高，则对断裂纹的阻碍作用越大。当 SCE-SiO$_2$ 质量分数较低时，其质量分数的增加可以提高纳米粒子在体系中的相对分散密度，仍能维持具有较高比表面积的初始粒径，这十分有利于发挥纳米粒子对断裂的阻碍作用。而当质量分数超过 2%以后，SCE-SiO$_2$ 开始出现团聚现象，大量的纳米粒子在体系中碰撞结合，使粒径增大或形成大面积的团聚絮状片层，此时增加 SCE-SiO$_2$ 的质量分数并不能进一步提高其在基体中的相对分散密度，反而会使团聚现象更加明显。而聚集体对于基体的内部结构等同于结构缺陷，这样的缺陷会使应力场集中，反而不利于材料韧性的提高，所以 SCE-SiO$_2$ 质量分数超过 2%后冲击强度出现下降趋势。

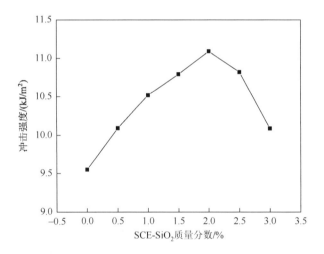

图 7.6　SCE-SiO$_2$/MBAE 复合材料的冲击强度

2）抗弯强度

抗弯强度是衡量材料抗弯曲能力的指标，可以从侧面印证材料的韧性与强度。图 7.7 为 SCE-SiO$_2$ 质量分数为 0%～3%的 SCE-SiO$_2$/MBAE 复合材料的抗弯强度。

由测试结果可以看出，SCE-SiO$_2$/MBAE 复合材料的抗弯强度呈现了与冲击强度相似的趋势，随着 SCE-SiO$_2$ 质量分数的增加而先增大后减小。当 SCE-SiO$_2$ 质量分数为 1.5%时，SCE-SiO$_2$/MBAE 复合材料的抗弯强度为最大值（107.90MPa），较未改性的 MBAE 基体（96.05MPa）增加了 12.34%。材料弯曲过程的断裂形式不同于冲击试验。在弯曲过程中，材料受到外力作用产生屈服，内部结构的破坏

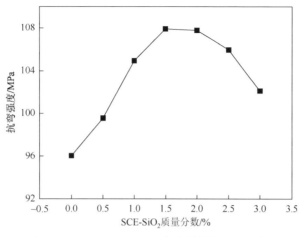

图 7.7　SCE-SiO₂/MBAE 复合材料的抗弯强度

表现为首先出现大量微裂纹,然后出现宏观断裂的现象。SCE-SiO₂ 在材料的屈服过程中对微裂纹的发展起到了重要的抑制作用,当微裂纹出现并延伸时,材料内部的 SCE-SiO₂ 可以将微裂纹阻断并改变其发展方向,使得微裂纹呈波浪式发展,这个过程可以分散、传递和吸收形变产生的能量,有利于控制材料在外应力作用下的形变。但是同样因为纳米粒子过量时的团聚会引起缺陷,易于产生应力集中或者应力开裂,所以 SCE-SiO₂ 质量分数超过 1.5%以后,材料的抗弯强度开始下降。

2. 热稳定性

热失重分析可以直观地表征复合材料的耐热性,从热失重曲线中可以得到材料的热分解温度与各温度下的残重率。为了研究 SCE-SiO₂ 质量分数对 SCE-SiO₂/MBAE 复合材料耐热性的影响,对 SCE-SiO₂ 质量分数为 0%～3%的样品进行热失重分析,热分解温度数据如表 7.1 所示,热失重曲线三维带状图如图 7.8 所示。

表 7.1　SCE-SiO₂/MBAE 复合材料的热分解温度数据

SCE-SiO₂ 质量分数/%	T_d/℃	T_d^5/℃	T_d^{10}/℃	T_d^{20}/℃	T_d^{50}/℃
0.0	439.78	435.50	452.07	470.43	526.18
0.5	440.69	436.01	452.75	472.79	531.69
1.0	441.91	437.79	453.48	474.99	539.17
1.5	443.13	439.09	454.98	476.35	547.29
2.0	445.63	441.82	456.16	479.19	557.32
2.5	444.94	441.13	455.26	478.21	554.36
3.0	442.86	439.56	454.21	476.95	551.04

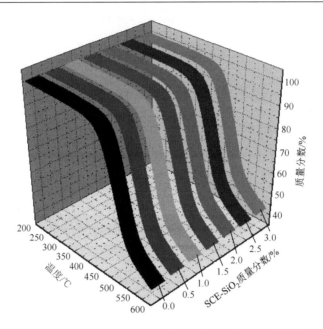

图 7.8　　SCE-SiO₂/MBAE 复合材料的热失重曲线三维带状图

　　从图 7.8 中可以看出，SCE-SiO₂ 的引入使得 SCE-SiO₂/MBAE 复合材料在 600℃时的残重率出现了上升。这是因为 SiO₂ 本身作为无机物，具有很高的耐热性，将其掺入基体中以后，有利于复合材料耐热性的提升。从表 7.1 中可以看出，未改性的 MBAE 基体本身就具备很高的耐热性，在氮气气氛下的热分解温度高达 439.78℃，当热失重 50%时，MBAE 基体的热分解温度为 526.18℃。而随着 SCE-SiO₂ 的引入，复合材料的耐热性呈现出了先增大后减小的趋势，当 SCE-SiO₂ 质量分数为 2%时，SCE-SiO₂/MBAE 复合材料的热分解温度为 445.63℃，热失重 50%的热分解温度为 557.32℃，较 MBAE 基体分别提高了 5.85℃和 31.14℃。这 可以解释为当适量的 SCE-SiO₂ 加入基体中时，可以很好地分散在基体中并且与基体具有良好的相容性。改性纳米粒子表面的乙醇分子可以与基体结合形成良好的界面，当体系受到热应力时，体系中的纳米粒子一方面因为具有比基体更高的耐热性，可以作为吸收和传递热量的介质，减少体系中的热集中，从而提高耐热性；另一方面可以限制分子链在高温下的热振动，提高分子链分解所需的能量，从而提高体系耐热性。但是当纳米粒子质量分数太高时，纳米粒子出现的团聚现象影响其在体系中的分散性与相容性。团聚后的纳米粒子与基体之间的界面性能降低，在高温负载下，界面首先发生变形，进行热振动，影响材料耐热性，同时大量纳米粒子聚集体会严重破坏材料内部结构，形成缺陷，引起局部的热应力集中，这也是降低材料耐热性的因素。

3. 介电性能

1）相对介电常数与介电损耗角正切

为了研究 SCE-SiO₂ 的引入对复合材料介电性能的影响，对 SCE-SiO₂/MBAE 复合材料的相对介电常数与介电损耗角正切进行测试，如图 7.9 和图 7.10 所示。

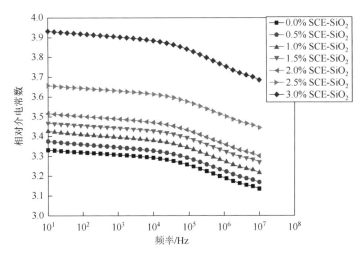

图 7.9　SCE-SiO₂/MBAE 复合材料的相对介电常数

由图 7.9 可看出，SCE-SiO₂/MBAE 复合材料的相对介电常数均随着频率的增加而出现降低的趋势，在高频区下降程度尤为明显。这是因为在外电场作用下，复合材料内部偶极子会随着外电场的变化而进行偶极子转向极化，当交变电场的频率较低时，偶极子的转向跟得上电场的变化；而随着频率的不断升高，偶极子的转向则会出现落后于电场的变化的弛豫现象，介质的内黏滞作用使得偶极子转向受到阻碍，取向极化相对减小，相对介电常数因此下降。

SCE-SiO₂/MBAE 复合材料的相对介电常数变化与 SCE-SiO₂ 的质量分数也存在联系，SCE-SiO₂ 质量分数的增加会引起 SCE-SiO₂/MBAE 复合材料相对介电常数的上升，而且质量分数超过 2%后上升趋势明显增加。SCE-SiO₂ 引起复合材料相对介电常数上升首先是因为 SCE-SiO₂ 本身具有比 MBAE 基体高的相对介电常数，其次是因为 SCE-SiO₂ 虽然提高了与基体的相容性，有利于提高界面性能，但是其与基体之间仍然存在界面，引入后会存在 Maxwell-Wagner 界面极化，同时 SCE-SiO₂ 表面所结合的乙醇分子会成为体系中的偶极子，SCE-SiO₂ 质量分数为 0%～2%时 SCE-SiO₂/MBAE 复合材料的相对介电常数变化比较平稳正是因为上述影响。当 SCE-SiO₂ 质量分数超过 2%以后，SCE-SiO₂/MBAE 复合材料的相对介电常数出现了大幅度的上升，可以解释为纳米粒子质量分数超过临界值以后，在材料中出现团聚现象，SCE-SiO$_2$质量分数越大团聚越明显。而团聚的纳米粒子与基体之间的相容性大幅降低，聚集体与基体之间的界面明显，界面性能严重降低，其界面类似于基体内缺陷与基体之间的界面，即团聚的纳米粒子在材料内部结构中等同于缺陷，使得界面极化加剧，引起相对介电常数的大幅度上升[114]。

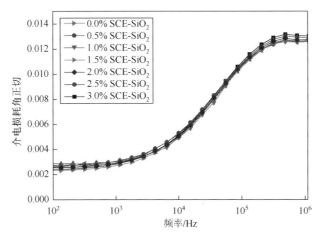

图 7.10   SCE-SiO$_2$/MBAE 复合材料的介电损耗角正切

从图 7.10 中可看出，SCE-SiO$_2$/MBAE 复合材料在低频时通常具有较低的介电损耗角正切，为 0.002～0.003；随着频率的上升，复合材料的介电损耗角正切上升明显；在达到高频后，复合材料的介电损耗角正切又趋于稳定。这是因为材料的介电损耗角正切受到介电弛豫的影响较大，当电场频率较低时，体系中的取向极化能跟得上电场的变化，因此损耗较小；当频率上升以后，取向极化由于需要克服材料内部的位阻，所以会落后于电场的变化，弛豫现象也更加明显；如果电场频率足够高，体系内的取向极化则长时间处于弛豫过程，故而达到一定高频后，介电损耗角正切变化较小。从图 7.10 中还可以看出，SCE-SiO$_2$质量分数所引起的介电损耗角正切变化很小，因为体系中的弛豫过程主要来自于基体分子链上偶极子的取向极化过程，SCE-SiO$_2$掺入所带来的取向极化对于弛豫过程的影响与基体差异不大，所以介电损耗角正切受到纳米粒子的影响较小。

2）体积电阻率

MBAE 作为一种绝缘性能优异的复合材料基体，为了研究 SCE-SiO$_2$对其绝缘性能的影响，对其体积电阻率进行测试，结果如图 7.11 所示。

图 7.11 显示，未改性的 MBAE 基体的体积电阻率为 $9.8 \times 10^{15} \Omega \cdot m$，这已经达到了优良绝缘材料的指标要求；随着 SCE-SiO$_2$质量分数的增加，SCE-SiO$_2$/MBAE 复合材料的体积电阻率呈现先升高后降低的趋势。体积电阻率的升高是因为在相应的 SCE-SiO$_2$质量分数下，纳米粒子可以良好地分散在 MBAE 基体中，在纳米

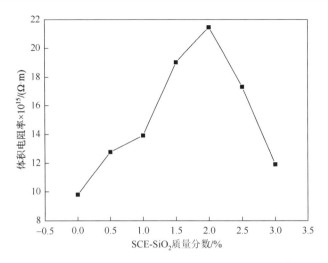

图 7.11　SCE-SiO$_2$/MBAE 复合材料的体积电阻率

粒子与基体之间的界面区域存在大量的界面态，这些界面态会对材料内部结构中陷阱密度和陷阱深度产生影响[115]。通常，纳米粒子掺杂会使材料内部的陷阱密度和陷阱深度增加，这会降低载流子的迁移率，从而使体积电阻率提高。但是 SCE-SiO$_2$过量时会影响其自身在基体中的分散性，并引发团聚现象，使纳米粒子的粒径变大，比表面积下降，界面性能减弱，最终导致 SCE-SiO$_2$ 质量分数虽然增加，但是陷阱密度和陷阱深度反而减小，使得复合材料的体积电阻率越过峰值后开始下降。因此，当 SCE-SiO$_2$ 质量分数为 2%时，体积电阻率出现峰值（$21.5 \times 10^{15} \Omega \cdot m$），相对未改性 MBAE 基体提高了 $11.7 \times 10^{15} \Omega \cdot m$，改性效果十分明显。

7.2.2　SCE-SiO$_2$/PES-MBAE 复合材料的性能

之前的研究已经得出，质量分数为 2%的 SCE-SiO$_2$ 对 MBAE 基体综合性能的改性最为有效，微观结构分析中已经知道 PES 的引入不会改变 SCE-SiO$_2$ 在体系中的分散形态，所以先确定 SCE-SiO$_2$ 的质量分数为 2%。微观结构分析还显示，当 PES 质量分数为 5%时已经在材料的结构中出现了较大的聚集体，样品制备时也仅能保证 5%以内能稳定良好地成型，所以限制 PES 质量分数为 1%～5%。以此为依据制备SCE-SiO$_2$/PES-MBAE 复合材料，通过力学性能测试，确定 PES 增韧效果最好时的质量分数，并研究 SCE-SiO$_2$/PES-MBAE 复合材料力学性能最佳时其他性能的变化。

1. 力学性能

1）冲击强度

图 7.12 为 PES-MBAE 和 SCE-SiO$_2$/PES-MBAE 复合材料的冲击强度测试结果。

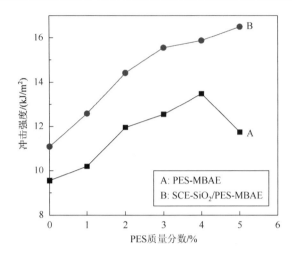

图 7.12　PES-MBAE 和 SCE-SiO$_2$/PES-MBAE 复合材料的冲击强度

　　PES 对各体系均有良好的增韧效果，材料冲击强度的提升十分明显。PES-MBAE复合材料的冲击强度会随着PES质量分数的增加出现先上升后下降的趋势，PES 质量分数为 4%时的 PES-MBAE 复合材料冲击强度最大，这与微观结构研究结果相一致。具体可以解释为 PES 以聚集态的颗粒分散在基体中，形成宏观均一、微观两相的结构，当材料受到破坏时，PES 聚集体可以实现阻碍裂纹尖端扩展、分散断裂应力场、吸收断裂能量的增韧过程，而其增韧效果取决于 PES 的聚集形态，聚集形态则与 PES 的质量分数密切相关。当 PES 质量分数在 4%以下时，PES 可以良好地分散在基体中，聚集体粒径合理，界面性能相对良好，可以发挥其增韧作用，此范围内 PES 质量分数的增加提高了体系中 PES 聚集体颗粒的相对密度，粒径虽然增加，但是更有利于形成尺寸合适的微孔穴结构，所以在该范围内 PES 质量分数的增加可以持续提高复合材料的冲击强度；以 PES 质量分数 4%为拐点，继续增加质量分数以后复合材料的冲击强度则开始下降，这是因为 PES 过量时，复合材料在成型过程中的黏度与固化进度均受到影响，PES 在相分离过程中聚集程度提高，所形成的 PES 聚集体颗粒尺寸严重增加，界面性能大幅降低，使得材料断裂过程中 PES 所形成的微孔穴过大，无法发挥增韧效果，对于断裂纹的阻碍分散作用也因为界面性能和颗粒自身强度而受到影响，因此对材料的增韧效果降低，冲击强度开始下降。

　　SCE-SiO$_2$/PES-MBAE 复合材料的冲击强度整体高于 PES-MBAE 复合材料，并且在一定 PES 质量分数范围内可持续地提高材料的冲击强度。这是因为 SCE-SiO$_2$ 对复合材料的冲击强度存在两个方面的影响：一是 SCE-SiO$_2$ 本身具备对 MBAE 基体增韧的能力，与 PES 共存时，其在基体中的聚集与分散性不会受到太大的影响，所以 SCE-SiO₂ 能发挥其对 SCE-SiO₂/PES-MBAE 复合材料冲击强度的增益；二是在之前 SCE-SiO₂/PES-MBAE 复合材料的断面形貌分析中已经知道，SCE-SiO₂ 会与 PES 产生协同作用，可以阻碍 PES 的多次聚集过程，降低 PES 聚集体的粒径，提高 PES 在基体中的分散性，填补 PES 内部及其与基体之间的界面，提升界面性能，增加 PES 聚集体的强度，即 SCE-SiO₂ 对 PES 发挥其增韧效果起到了重要的辅助作用。综合这两方面的影响，实验中 SCE-SiO₂/PES-MBAE 复合材料的 PES 质量分数达到 5%后，冲击强度并不同于 PES-MBAE 复合材料出现下降，而是继续上升，材料韧性得到进一步的提升，冲击强度达到 16.50kJ/m²，较未改性的 MBAE 基体（9.55kJ/m²）提高了 6.95kJ/m²，提升幅度高达 72.77%，增韧效果十分显著。

2）抗弯强度

图 7.13 为 PES-MBAE 与 SCE-SiO₂/PES-MBAE 复合材料的抗弯强度测试结果。

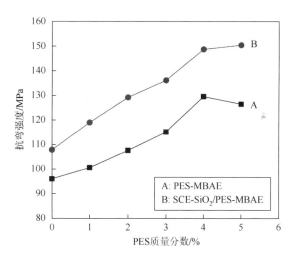

图 7.13 PES-MBAE 和 SCE-SiO₂/PES-MBAE 复合材料的抗弯强度

无论将 PES 掺入 MBAE 基体还是 SCE-SiO₂/MBAE 复合材料，均可大幅度地提高材料的抗弯强度，这是因为当复合材料在弯曲试验中受到应力作用时，体系中的 PES 聚集体颗粒具有很高的抗形变能力，材料屈服过程中产生的微裂纹会被 PES 颗粒吸收和传递，从而延缓微裂纹发展为宏观开裂的过程，使材料弯曲所需要的能量提高，所以能提升材料的抗弯强度。在 PES-MBAE 复合材料中，PES 的质量分数超过 4%后材料的抗弯强度出现下降趋势，这是因为 PES 质量分数的增加使其聚集体颗粒粒径变大，与基体之间的界面性能降低，对微裂纹发展的抑制作用也因此受到影响，较大的聚集体反而引起微裂纹集中，易于宏观开裂的发生。

而在 SCE-SiO$_2$/PES-MBAE 复合材料中，SCE-SiO$_2$ 在发挥自身效用的同时对 PES 的聚集形态产生辅助作用，使得材料弯曲过程中微裂纹发展成为宏观开裂现象所需要的能量增加，抗弯强度也随之升高。因此，SCE-SiO$_2$/PES-MBAE 复合材料中 PES 质量分数在 5% 内能持续提高材料的抗弯强度，并且效果良好，质量分数为 2% 的 SCE-SiO$_2$ 和质量分数为 5% 的 PES 对 MBAE 基体的抗弯强度有着最好的改性效果，抗弯强度达到了 150.41MPa，较未改性 MBAE 基体提高了 56.60%。

2. 热稳定性

为了研究 PES 引起的 MABE 基体耐热性变化以及 SCE-SiO$_2$ 和 PES 的相互作用，将 MBAE 基体、SCE-SiO$_2$/MBAE 复合材料、PES-MBAE 复合材料和 SCE-SiO$_2$/PES-MBAE 复合材料的热稳定性数据进行对比，其中，SCE-SiO$_2$ 质量分数为 2%，PES 质量分数为 5%，结果如图 7.14 和表 7.2 所示。

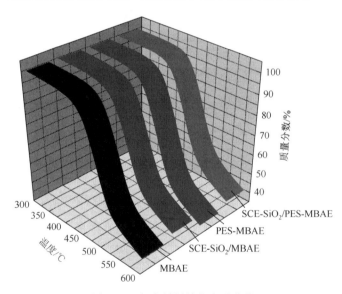

图 7.14　复合材料的热失重曲线

表 7.2　复合材料的热分解温度数据

材料	T_d/℃	T_d^{20}/℃	T_d^{50}/℃
MBAE 基体	439.78	470.43	526.18
SCE-SiO$_2$/MBAE 复合材料	445.63	479.19	557.32
PES-MBAE 复合材料	430.06	458.37	504.21
SCE-SiO$_2$/PES-MBAE 复合材料	437.45	465.78	519.84

单独使用 PES 进行改性的 PES-MBAE 复合材料的耐热性相对于未改性的 MBAE 基体出现了较大的下降，热分解温度降低了 9.72℃，残重率 50%时的热分解温度下降了 21.97℃，600℃的残重率由 40.56%降低到了 38.16%。这是因为 PES 作为热塑性树脂，其分子链上的大量柔性基团虽然提供了较高的力学性能，但是使其耐热性偏低，当将 PES-MBAE 复合材料置于高温负载条件下时，PES 先于 MBAE 分解，继而 PES 与 MBAE 的界面也会受热变形发生破坏，使材料结构中出现大量缺陷，引起热集中，所以 PES-MBAE 复合材料的耐热性会出现较大下降。

将表 7.2 中 4 种复合材料的热分解温度数据进行对比可以发现，SCE-SiO₂/PES-MBAE 复合材料的耐热性相对于 MBAE 基体下降幅度较小，其耐热性介于单独使用 SCE-SiO₂ 或 PES 改性的复合材料之间，但并非是 PES 和 SCE-SiO₂ 共同作用时的耐热性变化的简单加和，还具有一定的协同作用。结合对微观结构的分析，这种协同作用可以解释为 SCE-SiO₂ 带来的 PES 聚集态变化：PES 聚集体的内部存在 SCE-SiO₂ 分散，借由 SCE-SiO₂ 稳定内部分子链的热振动与热传导，提升存在于材料体系内部的 PES 聚集体颗粒的耐热性；SCE-SiO₂ 在材料固化过程中影响 PES 的相分离过程，使 PES 聚集体粒度减小，分散度更高，界面性能提升，同时界面中也存在 SCE-SiO₂ 的填补作用，结构规整性提高，在高温负载时界面可以更加稳定。由于存在这种协同作用，引起耐热性大幅下降的 PES 因素受到了 SCE-SiO₂ 的抑制，加上 SCE-SiO₂ 对基体的耐热性具备增益效果，所以 SCE-SiO₂/PES-MBAE 复合材料的耐热性相对于未改性 MBAE 基体下降较小。

3. 介电性能

进行介电性能分析时，将 MBAE 基体、SCE-SiO₂/MBAE 复合材料、PES-MBAE 复合材料及 SCE-SiO₂/PES-MBAE 复合材料共同对比，研究各组分所引起的性能变化以及组分间的相互作用，样品编号如表 7.3 所示。

表 7.3　复合材料的样品编号

编号	成分	质量分数/%	
		SCE-SiO₂	PES
A	MBAE	0	0
A1	SCE-SiO₂/MBAE	2	0
A2	PES-MBAE	0	5
B1	SCE-SiO₂/PES-MBAE	2	1
B2	SCE-SiO₂/PES-MBAE	2	2

续表

编号	成分	质量分数/%	
		SCE-SiO$_2$	PES
B3	SCE-SiO$_2$/PES-MBAE	2	3
B4	SCE-SiO$_2$/PES-MBAE	2	4
B5	SCE-SiO$_2$/PES-MBAE	2	5

1）相对介电常数与介电损耗角正切

SCE-SiO$_2$/PES-MBAE 复合材料的相对介电常数随频率变化的曲线如图 7.15 所示，介电损耗角正切随频率变化的曲线如图 7.16 所示。

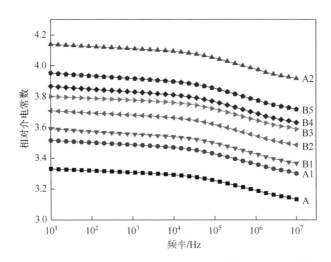

图 7.15　SCE-SiO$_2$/PES-MBAE 复合材料的相对介电常数

从图 7.15 中可以看出，上述样品的相对介电常数均会随着频率的上升而下降，在 10^5Hz 左右处，下降幅度明显增大。这是由于复合材料在电场中发生极化时，若交变电场的频率较低，偶极子的转向跟得上电场的变化；若在 10^5Hz 以上的高频区，由于介质的内黏滞作用，偶极子转向受到摩擦阻力的影响，落后于电场的变化，取向极化减小，导致相对介电常数降低。

当材料中掺入 SCE-SiO$_2$ 以后，SCE-SiO$_2$/MBAE 复合材料的相对介电常数相对 MBAE 基体出现上升，可能是由于 SiO$_2$ 本身具有高于基体的相对介电常数，而且在超临界过程中所结合的乙醇分子基团会产生偶极子极化，在其引入后还会带来界面极化，所以会使相对介电常数上升。

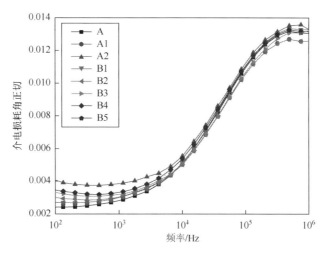

图 7.16　SCE-SiO₂/PES-MBAE 复合材料的介电损耗角正切

加入 PES 后，复合材料的相对介电常数出现了明显的上升，这是由于 PES 带有极性基团，当 MBAE 基体混入 PES 后，整体的极性基团密度增大，而取向极化程度主要取决于分子的极性，当极性增强时，取向极化增加，因此混入 PES 后的复合材料的相对介电常数增加，并且根据 SEM 图可知 PES 在基体中呈现两相结构，存在大量的界面，而相对介电常数反映的是材料储存电荷的能力，由于界面可以吸附大量电荷，并且可以引发界面极化，所以材料的相对介电常数增加。

SCE-SiO₂/PES-MBAE 复合材料的相对介电常数均高于 SCE-SiO₂/MBAE 复合材料，低于相同 PES 质量分数的 PES-MBAE 复合材料，并且相对介电常数会随着 PES 质量分数的增加而增加。SCE-SiO₂/PES-MBAE 复合材料的相对介电常数低于 PES-MBAE 复合材料的主要原因是：在掺入 SCE-SiO₂ 后，PES 和基体之间借助 SCE-SiO₂ 具有更好的相容性，使 PES 分散更加均匀，将分散相的 PES 与基体连接起来，提高界面性能，使结构更加规整，这可以有效地降低界面极化和复合材料储存电荷的能力，因此复合材料的相对介电常数降低。

从图 7.16 中可以看出，随着频率的增加，复合材料的介电损耗角正切上升，当电场频率在 10^4 Hz 以下的低频区时，材料的介电损耗角正切变化较小，而在高频区则变化十分明显。这是因为在低频时，偶极子转向跟得上电场变化，吸收的能量能够及时地还给电场，因此产生的损耗较小；而在高频区时，由于内黏滞以及摩擦力的作用，偶极子转向不能跟得上电场变化，而且克服摩擦力需要消耗部分能量并转变为热量，导致介电损耗的增加。

材料在高频时的介电损耗以材料本身的黏滞性和内部的摩擦力为主，而在低频时则能凸显出复合材料中成分的影响。加入 SCE-SiO₂ 后，复合材料的介电损耗相对于 MBAE 基体小幅度升高,这是因为 SCE-SiO$_2$ 中 SiO$_2$ 表面与乙醇之间存在化学键或者氢键,加入 SCE-SiO$_2$ 相当于在材料中引入了更多偶极子,进而增加了材料的电导损耗,所以介电损耗升高。而混入 PES 以后,复合材料的介电损耗上升,这是因为 PES 与基体之间存在强烈相互作用,使偶极子转向难度增加,需要消耗更多的能量,介电损耗也随之上升;同时 PES 自身带有极性基团,松弛极化能力增加,也产生了松弛损耗。在 SCE-SiO$_2$/PES-MBAE 复合材料中,SCE-SiO$_2$ 和 PES 在基体中可以均匀地分散,两者具有协同作用,提高与基体的相容性,提高界面性能,这可以在一定程度上降低因克服内摩擦而产生的电导损耗。

　　2)体积电阻率

　　复合材料各样品的体积电阻率如图 7.17 所示。

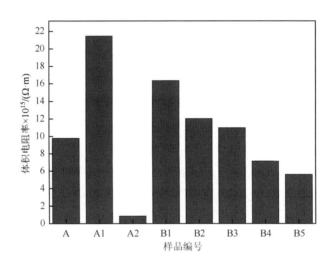

图 7.17　复合材料各样品的体积电阻率

　　质量分数为 2% SCE-SiO$_2$ 的 SCE-SiO$_2$/MBAE 复合材料具有最高的体积电阻率,这是因为适量的 SCE-SiO$_2$ 可以使材料中陷阱密度和陷阱深度增加,降低载流子的迁移率,从而使体积电阻率提高。

　　PES-MBAE 复合材料具有最低的体积电阻率,相比于未改性的 MBAE 基体下降了近一个数量级,这是因为 PES 在体系中的两相结构分散形式引入了大量的界面,一方面,这些界面增加了体系中载流子的迁移效率,使体积电阻率下降;另一方面,这些两相结构带来的界面存在大量的物理缺陷,这些物理缺陷所引入的陷阱较浅,而这些浅陷阱使参与导电的自由电子浓度提高,有利于电导却不利于提升电阻率。

　　在 SCE-SiO$_2$/PES-MBAE 复合材料中,PES 质量分数的增加仍然会引起体积

电阻率的下降，但是其下降幅度明显变低，当 PES 质量分数达到 5%时，其体积
电阻率（$5.63 \times 10^{15}\Omega \cdot m$）仍然十分接近未改性的 MBAE 基体（$9.8 \times 10^{15}\Omega \cdot m$）。
这得益于 SCE-SiO$_2$ 在两个方面的共同作用：一方面是 SCE-SiO$_2$ 对基体体积电阻
率提升的积极作用；另一方面则是 SCE-SiO$_2$ 对 PES 在体系中相结构的影响，使
得 PES 分散性提高，减少了界面数量，还可以填补界面所带来的物理缺陷，减少
这些物理缺陷所带来的浅陷阱，抑制 PES 对体系体积电阻率的负面作用。因此，
在这些样品的对比中可以发现，SCE-SiO$_2$/PES-MBAE 复合材料的体积电阻率介于
SCE-SiO$_2$/MBAE 复合材料与 PES-MBAE 复合材料之间。

第8章 SCE-Al₂O₃/PES/MBMI-EP 复合材料的微观结构及性能研究

8.1 MBMI-EP

8.1.1 微观结构

图 8.1 为 MBMI 质量分数为 10%的 MBMI-EP 与 MBMI 质量分数为 40%的 MBMI-EP 的 FT-IR 图。

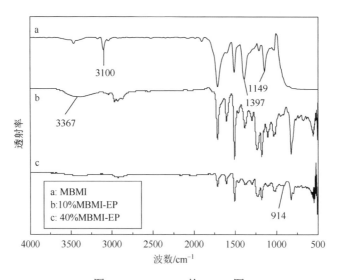

图 8.1 MBMI-EP 的 FT-IR 图

图 8.1 中，曲线 b、c 在 3367cm⁻¹ 处为仲胺（—NH—）的单一特征峰，二氨基二苯甲烷（4, 4-diaminodiphenyl methane，DDM）中伯胺的两个特征峰变成了一个不尖锐的特征峰，说明 DDM 中伯胺与 EP 中的环氧基参加了反应，生成了仲胺，随着 MBMI 的加入，该特征峰的强度不断变小，部分仲胺与 MBMI 反应，形成长链高分子。在曲线 b、c 中，环氧基特征峰在两条曲线中均未出现，说明 EP 基本反应完全。曲线 a 中 3100cm⁻¹ 处是 MBMI 的 C ═ C 双键的伸缩振动峰，而 1397cm⁻¹

与 1149cm⁻¹ 处分别为 MBMI 中的 C—N—C 的对称与不对称伸缩振动峰。在曲线 a 中的 3100cm⁻¹ 特征峰在曲线 b、c 中基本消失，说明 MBMI 发生反应，双键打开，而 1397cm⁻¹ 与 1149cm⁻¹ 特征峰变小，也同样说明 MBMI 参加了反应。以上分析说明，DDM 与 EP 发生开环反应，MBMI 与 DDM 中的仲胺发生加成反应，致使材料的高聚物中链变长。当 MBMI 过量时，未发现大量的 C ═ C 双键的特征峰，说明 MBMI 发生了打开双键的加成反应。

8.1.2　性能

1. 力学性能

1）抗弯强度

图 8.2 为 MBMI 质量分数对 MBMI-EP 抗弯强度的影响曲线。

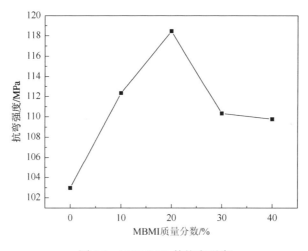

图 8.2　MBMI-EP 的抗弯强度

如图 8.2 所示，MBMI-EP 的抗弯强度随着 MBMI 质量分数的增加不断增大，当未加入 MBMI 时，EP 的抗弯强度最低，为 102.97MPa；加入少量的 MBMI，MBMI-EP 的抗弯强度会迅速增大；当 MBMI 质量分数为 20%时，MBMI-EP 的抗弯强度达到最大，为 118.45MPa，提升 15.03%；继续增加 MBMI 质量分数，MBMI-EP 的抗弯强度会迅速下降，最终的抗弯强度均高于未加入 MBMI 的 EP 的抗弯强度。这是因为 EP 的交联密度过高，材料内部整齐无缺陷，在断裂的过程中断裂纹可以很顺利地发展，不存在或存在较少的阻碍，致使 EP 的抗弯强度过低；合适的交联密度对 EP 的抗弯强度有增强作用，适当的交联密度会使材料内部应力减少, 所以抗弯强度提高。MBMI 加入 EP 中将会与 DDM 中的仲胺反应, 将分子链加长, 使得材料内部交联密度减小, 材料的内应力降低, 达到增韧的目的。此外, MBMI 的加入会增加分子链里的刚性基团, 有助于抗弯强度的提高。当 MBMI 加入适量时, MBMI 将发生自聚反应, 与基体形成互穿网络结构, 在外应力增加时, 有助于材料的内应力分散, 使得抗弯强度提高。但 MBMI 加入过量时, MBMI 会与 EP 存在对 DDM 的竞争的关系, 过量的 MBMI 会消耗大量的 DDM, 致使 EP 不能得到足够的固化物, 存在大量的未反应的 EP 单体或短链小分子。小分子与短链分子使基体中产生缺陷, 在材料受到外应力场时在该处发生破坏, 使得抗弯强度降低。随着 MBMI 继续加入, MBMI 自聚反应加剧, 材料中有大量的 MBMI 的自聚反应, 材料内部的抗弯强度主要由 MBMI 承担, 使得抗弯强度最终降低缓慢, 整体上有增强抗弯强度的作用。

2) 冲击强度

图 8.3 为 MBMI-EP 的冲击强度随 MBMI 质量分数的变化曲线。

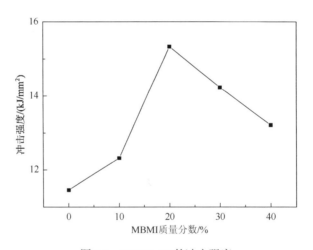

图 8.3　MBMI-EP 的冲击强度

冲击强度表述为材料在破坏过程中的能量与原始横截面积之比。MBMI-EP 的冲击强度的变化趋势与抗弯强度的变化趋势相似。首先随着 MBMI 质量分数的增加, MBMI-EP 的冲击强度先增加后降低, MBMI 质量分数达到 20% 时, 冲击强度达到最大值, 为 15.33kJ/mm^2, 相对于 EP 提高 33.8%。这种现象的主要原因为 MBMI 的加入使得 EP 发生内扩链反应, 降低交联密度, 使得冲击强度提高。当继续加入 MBMI 时, MBMI 将会发生自聚反应, 在受到摆锤冲击时材料内部发生取向, 互穿网络结构对材料内部应力场有分散的作用, 提高冲击强度。MBMI 会与 EP 存在对 DDM 的竞争关系, 以降低 EP 的交联密度, 增加冲击强度。继续加入 MBMI，MBMI-EP 的黏度升高，致使 MBMI 的分子链运动困难，存在少量的 MBMI 链段，在断裂时成为应力集中点，引起微裂纹，消耗断裂能量，达到增韧目的。但当 MBMI 继续增加时，会出现大量未反应的单分子或小链段分子，同时胶液的黏度过高，成型困难。在材料受到外力作用时这些小分子将会成为应力集中点，且这些小分子与基体的相互作用不强，所以材料内部将会在该处首先断裂，影响整体的强度，过量的 MBMI 对 MBMI-EP 的冲击强度起到相反的作用。

2. 耐热性

耐热性是指材料在受到外加热时保持优秀的力学与物理性能的能力。图 8.4 为 MBMI-EP 的热失重曲线三维带状图。表 8.1 为 MBMI-EP 的热分解温度数据。

由图 8.4 与表 8.1 可以看出，MBMI-EP 的热分解温度随着 MBMI 质量分数的增加而升高，当 MBMI 过量时，热分解温度将会下降。在 MBMI 质量分数为 30% 时，热分解温度达到最高，为 401.22℃。造成这个结果主要是因为 MBMI 加入 EP 中会对 EP 分子进行内扩链，同时 MBMI 将会与 EP 竞争 DDM 固化物，MBMI-EP 将会出现大量小分子物质，降低 MBMI-EP 的耐热性。但随着 MBMI 质量分数的增加，同样会引入刚性基团，使体系中分子链的运动空间减小，分子链运动困难，会形成互穿网络结构，MBMI-EP 耐热性提高，热分解温度提高。两种效果相互影响。刚性基团与互穿网络结构起主要作用时，材料的热分

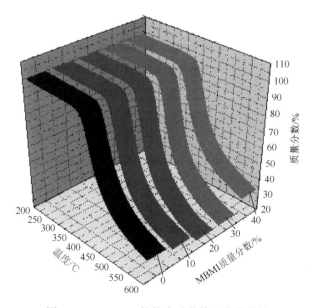

图 8.4　MBMI-EP 的热失重曲线三维带状图

解温度提高，耐热性将会升高。综上所述，当 MBMI 质量分数为 30%时，MBMI-EP 的耐热性最好，热分解温度最高。

表 8.1　MBMI-EP 的热分解温度数据

MBMI 质量分数/%	$T_d/℃$	$T_d^{10}/℃$	$T_d^{50}/℃$
0	392.26	401.02	443.65
10	395.34	404.31	449.35
20	399.87	407.82	455.37
30	401.22	410.62	459.87
40	394.72	407.25	462.97

3. 相对介电常数

相对介电常数是选择绝缘材料的重要指标，可以表征材料储存电荷的能力。图 8.5 为 MBMI-EP 的相对介电常数随频率变化的曲线。

如图 8.5 所示，MBMI-EP 的相对介电常数随频率的增加总体呈下降趋势，且在 $10 \sim 10^5$Hz 内相对介电常数曲线较平稳。这是因为在频率较低的情况下，载流子可以随着电场的变化而变化。体系的能量消耗较少，产生取向极化，相对介电常数较大。但当频率超过 10^5Hz 时，由于电场变化速度加快，载流子来不及随电场变化而变化，取向极化减小，所以相对介电常数降低。如图 8.5 所示，在未加入 MBMI 时 EP 的相对介电常数较小，证明材料内部 EP 反应较完全，材料中极性小分子较少。当少量的 MBMI 加入 EP 中时，发生加成反应，在 DDM 的作用

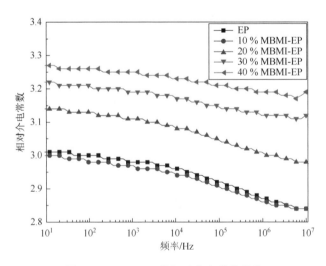

图 8.5　MBMI-EP 的相对介电常数曲线

下没有或存在少量极性分子，所以材料的相对介电常数减小。但 MBMI 与 EP 竞争 DDM 固化物，随着 MBMI 质量分数的增加，就会产生更多的未反应的 EP，所以极化程度与相对介电常数增加。接着加入 MBMI，将会有更多的 EP，极性将会越来越大。因此，MBMI 质量分数为 10% 与 20% 时，MBMI-EP 的相对介电常数较小，侧面证明了 MBMI 在 DDM 的作用下反应较完全，小分子物质较少。

8.2　PES/MBMI-EP 复合材料

8.2.1　微观结构

1. FT-IR 分析

为了了解 PES 在基体中是否与 MBMI-EP 反应，对 PES、MBMI-EP 与 PES/MBMI-EP 分别进行 FT-IR 测试，测试结果如图 8.6 所示。

从图 8.6 可知，1776cm^{-1} 为 MBMI 的羰基的伸缩振动峰，2924cm^{-1} 附近出现了 C—H 的伸缩振动峰，1507cm^{-1} 附近为苯环上—C＝C—的伸缩振动峰，而在 1230cm^{-1}、1100cm^{-1}、1031cm^{-1} 与 825cm^{-1} 处分别是 O＝S＝O 的不对称伸缩振动峰、—S—的伸缩振动峰、芳香醚 C—O—C 的对称伸缩振动峰以及 C—S 的伸缩振动峰。2924cm^{-1} 与 1507cm^{-1} 的特征峰的面积因 PES 的加入而增大，这是因为 PES 加入基体中，苯环的含量增加，所以特征峰的面积增大。而随着 PES 的加入，在 1230cm^{-1}、1100cm^{-1}、1031cm^{-1} 与 825cm^{-1} 的特征峰从不明显到明显，而且与 PES 的特征峰较一致，说明 PES 已经添加到基体中，且 PES 不会与 MBMI-EP 发生反应。

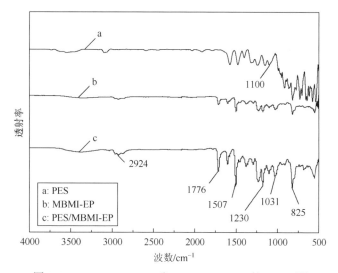

图 8.6　PES、MBMI-EP 和 PES/MBMI-EP 的 FT-IR 图

2. SEM 分析

对 MBMI-EP、PES/MBMI-EP 的断面形貌进行表征，如图 8.7 所示。

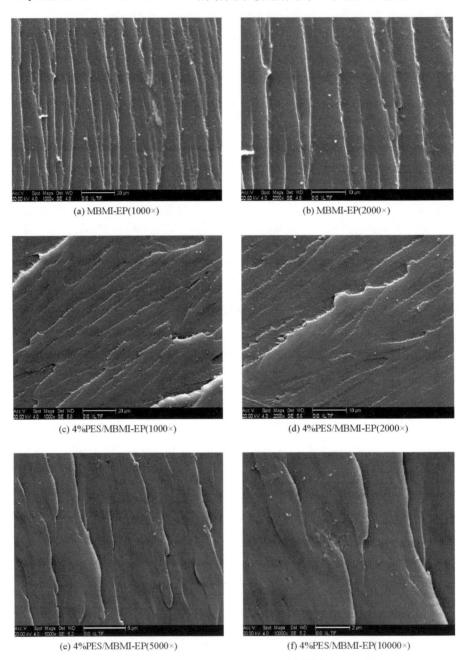

(a) MBMI-EP(1000×)

(b) MBMI-EP(2000×)

(c) 4%PES/MBMI-EP(1000×)

(d) 4%PES/MBMI-EP(2000×)

(e) 4%PES/MBMI-EP(5000×)

(f) 4%PES/MBMI-EP(10000×)

图 8.7　MBMI-EP、PES/MBMI-EP 复合材料的断面形貌

由图 8.7（a）和（b）所示，当 MBMI-EP 受到外力作用时，在外力场的作用下发生断裂，其断裂纹较长且平滑，发展的方向基本一致，不存在中断且起始裂口清晰，说明 MBMI-EP 的断裂为脆性断裂。其原因是：当材料受到外力作用时，树脂内部结构十分规整，断裂时没有阻碍，使断裂纹按照一个方向延续下去，外力与内部结构规整的共同作用致使断裂纹能很顺利地、不间断地、路径较直地沿着应力方向发展，材料的力学性能较差、较脆。当 PES 加入 MBMI-EP 时，PES 将会以分散相形式分散于基体中，所以基体为连续相，即两相结构，见图 8.7（c）～（f）。该两相间存在较强的相互作用，首先，由于 PES 可以溶解于 EP，随着搅拌可以在基体中分散均匀。当制得胶液中 EP 与 MBMI 在 DDM 的作用下发生固化反应时，PES 分子链将会随着 EP 与 MBMI 分子运动，随着固化反应的进行，PES 将会在分子内发生缠结、分子间相互碰撞/相互黏附，PES 相发生变形且体积不断变大，最终变成微米级的聚集体，与基体以两相形式存在；另外，图 8.7（c）～（f）显示断裂纹发展方向混乱，出现分叉现象，在断裂纹的运动方向上出现多次方向改变或终止现象，部分区域凹陷，表明在材料断裂的过程中将会消耗很大的能量，使断裂很难发生，属于韧性断裂。这是因为当 PES 加入适量时，PES 聚集体能均匀分散于基体中，当材料受到外力作用时，应力场将会作用于材料内部，外力足够大时在材料内部将会形成微裂纹，微裂纹将会沿着应力场方向发展，如果微裂纹在发展路线上经过 PES 聚集体，原来的应力不足以通过 PES，微裂纹将会发生钝化，微裂纹不发展或需要更大的应力才能通过或绕过 PES 聚集体，裂纹的发展方向将会改变。另外，当材料受到外力作用时，PES 聚集体也可以在断面起到"销钉"的作用，当微裂纹绕过 PES 聚集体时，两相间存在强烈的相互作用和相互渗透，且没有明显的界面，外加应力需克服这种作用，才能使材料断裂，有利于提高材料的力学性能。当外加应力足够大时，破坏基体与 PES 间的相互作用，会使得 PES 聚集体弹出，所以在断面上留下凹陷，同时材料中 PES 均发生了形变，消耗部分能量，这也会提高材料的力学性能，增加强度。由图 8.7（e）和（f）可以看到，断裂纹在经过 PES 时有两种现象：第一，断裂纹方向发生明显改变；第二，PES 微球的边界与基体没有明显的边界，可以理解为 PES 与基体是相互渗透的，这说明 EP 与 PES 有良好的相容性，极性相近，当 EP 未与 MBMI 发生固化反应时，PES 能够很容易地溶于胶液中。当材料固化反应发生时，EP 与 MBMI 带动 PES 分子运动，由于 PES 分子之间的相容性强于 PES 与基体分子的相容性，PES 单分子间更容易吸附相容，形成 PES 聚集体，但聚集体的边缘部分还会与基体存在较好的相容性，PES 的分子链与基体长链互相渗透、互相缠结、互相穿插，所以材料与基体的两相界面不明显，界面模糊，使得相与相分离非常困难，大大有利于提升复合材料的综合性能。

图 8.8 为 PES 质量分数为 4%的 PES/MBMI-EP 复合材料的断面 SEM 和能谱图。由图 8.8（a）可以看到，B 区域以分散相 PES 为主，C 区域以基体为主，PES 相在基体中以聚集体形式存在，但由于浸润作用、相互渗透作用与外力作用，聚集体的形状发生了明显的扭曲，说明 PES 与基体间相互作用很强。由图 8.8（b）～（d）可知，S 元素质量分数分别为 5.65%、5.79%与 5.12%。图 8.8（b）是 PES 聚集体的能谱图，图中可以看到 S 元素具有较高的质量分数；图 8.8（c）以基体为主，同样含有较高的 S 元素质量分数，这证明了在其表层的下面同样具有 PES 聚集体，说明两相间具有较强的相互渗透现象；图 8.8（d）中 S 元素质量分数也与 B、C 两区域的 S 元素质量分数接近。因此，三个能谱图中 S 元素质量分数接近，只是随着所选区域的不同而稍有变化，说明 PES 在基体中以聚集体形式存在且分

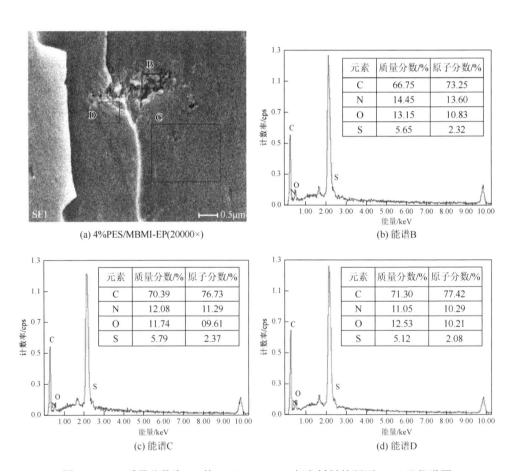

(a) 4%PES/MBMI-EP(20000×)

(b) 能谱B

元素	质量分数/%	原子分数/%
C	66.75	73.25
N	14.45	13.60
O	13.15	10.83
S	5.65	2.32

元素	质量分数/%	原子分数/%
C	70.39	76.73
N	12.08	11.29
O	11.74	09.61
S	5.79	2.37

(c) 能谱C

元素	质量分数/%	原子分数/%
C	71.30	77.42
N	11.05	10.29
O	12.53	10.21
S	5.12	2.08

(d) 能谱D

图 8.8　PES 质量分数为 4%的 PES/MBMI-EP 复合材料的断面 SEM 及能谱图

散均匀。因此，PES 质量分数为 4%时，在基体中不会引起大量的 PES 自身团聚，有利于提高复合材料的性能，这一点通过性能分析可以得到证实。

8.2.2　性能

1. 力学性能

1）抗弯强度

抗弯强度是材料力学性能的重要指标，图 8.9 为 PES/MBMI-EP 复合材料的抗弯强度随着 PES 质量分数的变化曲线。

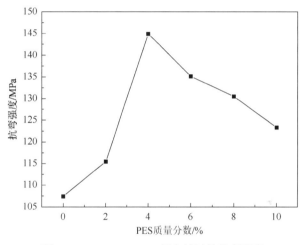

图 8.9　PES/MBMI-EP 复合材料的抗弯强度

从图 8.9 中可以看出，PES/MBMI-EP 复合材料的抗弯强度整体上先增大后减小，当 PES 质量分数达到 4%时，PES/MBMI-EP 复合材料的抗弯强度达到最大，为 144.9MPa，较未改性的 MBMI-EP 提高 34.9%。在材料受到外力作用发生断裂的过程中，首先发生弯曲屈服，材料中的分子链将会发生取向，诱发大量的银纹。在应力作用时，应力场作用在材料的内部，由于 PES 的韧性远强于基体，在材料受外力变形时，PES 与基体的变形能力不同，在发生弯曲变形时，将会出现较小的内部位错，产生银纹，这些银纹将会对外加应力产生分散作用。在银纹形成的过程中，PES 与基体相互渗透的强烈作用将会消耗大量的能量，很大程度地提高材料的抗弯强度。当继续加大外力时，银纹将会继续扩大最终发展为断裂纹，在断裂纹发展到 PES 聚集体时，所受的阻力发生改变，所以方向将会改变，会绕过 PES 的聚集体，穿过聚集体均会增大能量消耗，达到增韧目的。但当 PES 过量时，所制得胶液的黏度加大，气泡难以除去，不易于成型，而且过量的 PES 在 EP 中很难溶解均匀，在制备材料时将会出现 PES 聚集体变大的现象，使得材料比表面积变小，界面效应减弱，增韧的效果将会变差。继续加大 PES 将会发生团聚，使材料的内部出现较多的瑕疵或缺陷，在受到外力时瑕疵与缺陷点将会最先破坏，材料的抗弯强度下降。

2）冲击强度

冲击强度是判断材料韧性的重要依据，此处制备 PES/MBMI-EP 复合材料并对其进行冲击强度测试。图 8.10 为 PES/MBMI-EP 复合材料随 PES 质量分数改变的冲击强度。

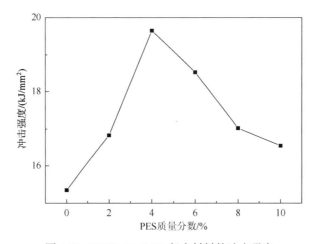

图 8.10　PES/MBMI-EP 复合材料的冲击强度

如图 8.10 所示，加入 PES 的 PES/MBMI-EP 复合材料的冲击强度会有很大的提高，在 PES 质量分数为 4%时，冲击强度达到最大，为 19.65kJ/mm^2，比起始冲击强度提高了 28%。当材料受到摆锤的冲击时，材料会出现较小的形变，然后发生断裂。在断裂的过程中，PES 的韧性强于基体，在外力场的作用下发生形变，而且分散相 PES 与连续相之间没有明显的边界，PES 与基体之间相互浸润、相互渗透，所以在材料受外力发生微小的形变时，对基体有一定的拉扯作用，分散部分应力，起到增韧的作用。PES 同样会起到钝化断裂纹、抑制断裂纹增长的作用，使断裂纹的发展方向改变，分散应力，起到增韧作用。但随着 PES 质量分数的增加，材料的冲击强度将会下降，这是因为 PES 聚集体的体积增大，界面效果减弱，在聚集体内部也会出现微小气孔和缺陷，所以 PES 的韧性也会下降。由于 PES 的大量团聚，材料内部也会出现缺陷，在受力时缺陷部分率先断裂，韧性下降。

2. 耐热性

图 8.11 为 PES/MBMI-EP 复合材料的热失重曲线三维带状图，可以直观地反映出材料的耐热性。表 8.2 为 PES/MBMI-EP 复合材料的热分解温度数据。

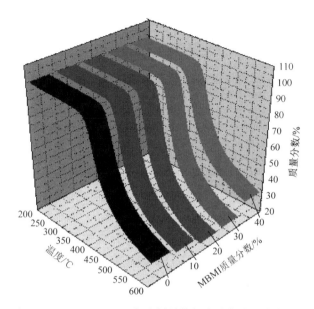

图 8.11　PES/MBMI-EP 复合材料的热失重曲线三维带状图

表 8.2　PES/MBMI-EP 复合材料的热分解温度数据

PES 质量分数/%	T_d/℃	T_d^{20} /℃	T_d^{50} /℃
0	400.53	412.32	451.21
2	402.86	413.43	452.72
4	404.53	416.49	455.34
6	403.18	413.93	453.21
8	402.32	411.21	452.97
10	402.31	410.62	453.03

在热失重的过程中，材料将会发生软化、熔融、交联、分解等反应。分子的运动将会因分子的取向结构受到制约，当外界温度较低时，分子未得到足够的能量，所以材料呈现稳定状态；如果温度较高，分子间的取向作用将会抵消，材料将会软化直至熔融；当温度继续升高并达到基团间的反应活化能时，一些未反应的基团将会继续反应交联；但若温度持续升高，达到或超过分子内部的化学键能时，分子内的部分化学键将会断裂，聚合物将会分解，这是材料质量损失的主要原因。从表 8.2 可知，PES/MBMI-EP 复合材料的热分解温度为 400℃左右，当 PES质量分数为 4%时，PES/MBMI-EP 复合材料的耐热性最好，为 404.53℃，但过多

的 PES 将会降低 PES/MBMI-EP 复合材料的耐热性。这是因为 PES 会与 EP 存在较强的相互作用,当材料处于低温时分子链基本不运动,但当温度升高时分子链运动加剧,适量的 PES 可以起到抑制分子链运动的作用,使耐热性有所上升,但 PES 中同样含有较多碳-碳键等柔性基团,使耐热性未能得到显著提升。如果 PES 过量,分散不均匀,加工成型困难,在树脂内部会形成很多瑕疵与缺陷,将会有空间使分子链运动,再加上树脂分子间聚合度下降,所以耐热性会略有下降。因此,PES 的质量分数不能过高,且在 4%时最好。

3. 相对介电常数与介电损耗角正切

为了研究 PES 引入对 PES/MBMI-EP 复合材料的相对介电常数与介电损耗角正切的影响,对材料进行相对介电常数与介电损耗角正切测试,测试结果如图 8.12 和图 8.13 所示。

图 8.12 为 PES/MBMI-EP 复合材料的相对介电常数曲线,材料整体的相对介电常数随着频率的升高而下降,这是因为材料的偶极子受电子极化、转向极化与界面极化作用影响。电子极化在很短的时间内能完成,所以受频率影响较小;但转向极化受频率影响较大,在材料处于低频的情况下,偶极子在较低的电场下有充足的时间进行转向,所以相对介电常数下降趋势较小。当在高频率的情况下,偶极子的转向极化在短时间内不能完成,所以频率越高,相对介电常数越小。从图 8.12 中看出,加入 PES 后,PES/MBMI-EP 复合材料的相对介电常数均高于基体,这是因为当 PES 加入基体中时,会引入大量的极性偶极子或极性杂质粒子,

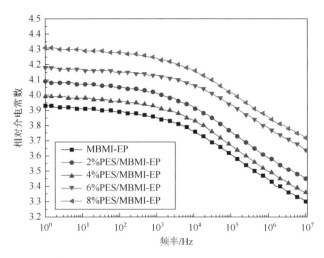

图 8.12　PES/MBMI-EP 复合材料的相对介电常数

所以转向极化程度大，相对介电常数增大。但当 PES 质量分数为 4%时，
PES/MBMI-EP 复合材料的相对介电常数小于其他 PES 质量分数的 PES/MBMI-EP
复合材料，这是因为 PES 分散相与基体没有明显的团聚现象，另外 PES 与基体形
成的界面相互作用很强，能够固定或抑制部分极性杂质粒子，抑制材料的转向极
化，导致材料的相对介电常数减小。当 PES 适量时，PES 能均匀分散于基体中，
且与基体没有明显的界面，界面极化较小，固定作用明显，相对介电常数较小；
当 PES 质量分数增加时，PES 将会在基体中发生明显团聚，在基体中形成明显的
界面，界面极化明显增加；另外，随着 PES 质量分数增加，PES 聚集体的体积不
断增大，致使 PES 的比表面积变小，固定效果减弱，相对介电常数急速增加。综
上所述，过量的 PES 会使 PES/MBMI-EP 复合材料的相对介电常数增加。

如图 8.13 所示，PES/MBMI-EP 复合材料的介电损耗角正切随着频率的增
大而增大，这是因为材料中存在带电的粒子，会随着电场方向的改变而改变方
向。当材料处于低频（$10\sim10^2$Hz）时，材料的介电损耗角正切与恒定电场类
似，主要来自电导损耗，所以在该区域介电损耗角正切变化不大。但当材料
处于高频（$10^4\sim10^6$Hz）时，粒子会产生松弛极化，使得单位时间内带电粒
子通过摩擦将消耗的能量转化为热能，所以介电损耗角正切增大。由图 8.13
可知，PES/MBMI-EP 复合材料的介电损耗角正切随着 PES 质量分数的增加而
增加，PES 质量分数较小时会与基体形成良好的界面，这可以抑制带电粒子的
移动，削弱介电损耗角正切的增加趋势，但 PES 过量时会破坏这种界面作用，
介电损耗角正切将会随着 PES 质量分数的增加而迅速增加。综上所述，当 PES
质量分数为 4%时，PES/MBMI-EP 复合材料的性能最好。

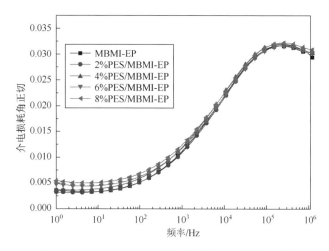

图 8.13　PES/MBMI-EP 复合材料的介电损耗角正切

8.3　SCE-Al$_2$O$_3$/PES/MBMI-EP 复合材料

8.3.1　微观结构

1. FT-IR 分析

为了研究超临界流体改性纳米 Al$_2$O$_3$, 分别对纳米 Al$_2$O$_3$ 与经过超临界流体改性的纳米 Al$_2$O$_3$ 进行 FT-IR 测试, 如图 8.14 所示。

由图 8.14 可知, 597cm^{-1}、742cm^{-1} 处是 Al$_2$O$_3$ 六配位 Al—O 的伸缩振动峰, 3457cm^{-1} 附近是吸附水后羟基化的 Al$_2$O$_3$ 表面形成—OH 的伸缩振动峰, 通过超临界乙醇改性纳米 Al$_2$O$_3$ 比未改性的纳米 Al$_2$O$_3$ 的特征峰要强得多。这可能是超临界乙醇中乙醇分子之间的氢键强度减弱, 而纳米 Al$_2$O$_3$ 表面的氢键强度没有改变, 所以乙醇较弱的氢键会与纳米 Al$_2$O$_3$ 较强的氢键结合, 从而使乙醇分子"包覆"于纳米 Al$_2$O$_3$ 表面, 表面能减弱, 纳米 Al$_2$O$_3$ 之间的作用力减弱, 团聚趋势下降。曲线 b 中超临界乙醇改性后的纳米 Al$_2$O$_3$ 在 1392cm^{-1} 处有—CH$_3$ 的伸缩振动峰, 可以从侧面说明乙醇分子沉积到了纳米 Al$_2$O$_3$ 的表面。曲线 c 中的 597cm^{-1}、742cm^{-1} 的特征峰可以证明 SCE-Al$_2$O$_3$ 加入了 PES/MBMI-EP 复合材料中。

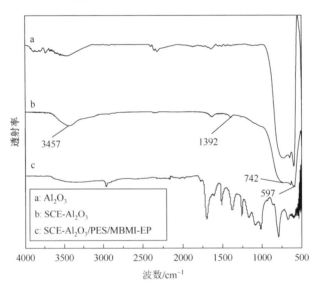

图 8.14　纳米 Al$_2$O$_3$ 的 FT-IR 图

2. SEM 分析

为了观察 SCE-Al$_2$O$_3$ 在材料中的存在状态, 分析其对材料中 PES 分散相分布的影响，对 PES/MBMI-EP、SCE-Al₂O₃/PES/MBMI-EP 复合材料的断面形貌进行表征，如图 8.15 所示。

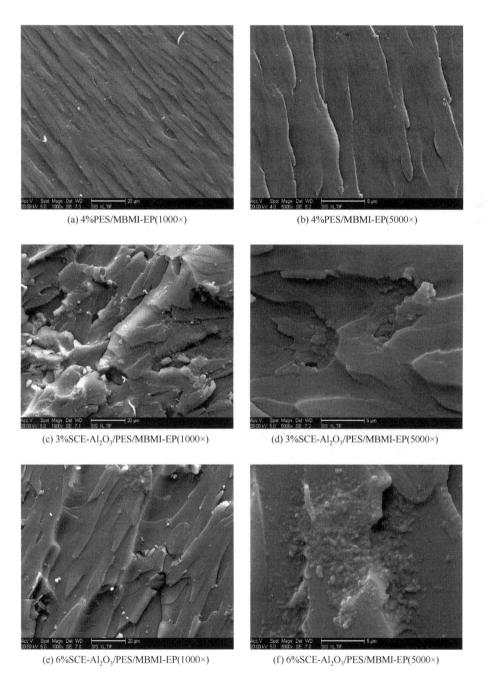

(a) 4%PES/MBMI-EP(1000×)

(b) 4%PES/MBMI-EP(5000×)

(c) 3%SCE-Al₂O₃/PES/MBMI-EP(1000×)

(d) 3%SCE-Al₂O₃/PES/MBMI-EP(5000×)

(e) 6%SCE-Al₂O₃/PES/MBMI-EP(1000×)

(f) 6%SCE-Al₂O₃/PES/MBMI-EP(5000×)

图 8.15　SCE-Al₂O₃/PES/MBMI-EP 复合材料的断面形貌

在图 8.15（a）和（b）中可以看到，断裂纹较乱，说明在 PES 的作用下 PES/MBMI-EP 复合材料已经发生了韧性断裂。在图 8.15（c）和（d）中可以明显地发现，SCE-Al₂O₃/PES/MBMI-EP 复合材料的断裂纹比 PES/MBMI-EP 复合材料的要粗糙得多，并出现了鱼鳞状结构，这说明加入 SCE-Al₂O₃ 会在加入 PES 的基础上使复合材料的韧性进一步增加。因为当 SCE-Al₂O₃ 适量地加入 PES/MBMI-EP 复合材料中时，通过超临界流体改性并连接上乙醇分子，一方面会降低纳米 Al₂O₃ 表面能，改善纳米 Al₂O₃ 的团聚趋势，增强纳米 Al₂O₃ 在聚合物基体中的分散能力；另一方面会进一步提高纳米 Al₂O₃ 与基体的相容性。图 8.15（c）～（f）中均没有发现 PES 聚集体，说明 SCE-Al₂O₃ 在某种程度上提高了 PES 的分散能力，这是因为 SCE-Al₂O₃ 与 PES 存在一定的相互作用，在固化过程中 SCE-Al₂O₃ 与 PES 分子均会随着分子链运动，由于 SCE-Al₂O₃ 与基体和 PES 均具有良好的相容性，PES 将很难形成聚集体，又因为 PES 与基体有一定的相容性，所以 SCE-Al₂O₃ 对 PES/MBMI-EP 复合材料中的 PES 具有促进分散的作用，未观察到 PES 聚集体，使其增韧的效果更加明显。当材料受到外力的作用发生形变时，材料内部各部分的取向能力不同，由于在材料内部有 PES 与 SCE-Al₂O₃ 及杂质与缺陷，材料内部将会因为组分不同产生不同位移，所以出现银纹。这些银纹将会消耗大量能量，包括在材料内部形成银纹塑性能、使银纹继续发展的黏弹能。在这个过程中，材料内部卷曲的高分子将会在外力作用下被拉直，伸展的高分子将会断裂，要克服分子链内部的能量同样要消耗大量的能量。在外加应力场下，银纹将会继续扩大并形成微裂纹。在这个过程中，SCE-Al₂O₃ 与基体具有强烈的相互作用，能够抑制初生微裂纹发展或形成丝带结构，初生微裂纹将会转化为类似更小的银纹的状态。这样又会经历克服以上的消耗能量的过程，提高了材料的力学性能，增加了材料的韧性。此外，纳米 Al₂O₃ 具有抑制初生银纹发展的作用，在应力场中出现取向，出现位移差，形成初生银纹，在继续发展的过程中初生银纹遇到纳米 Al₂O₃ 会钝化而不继续发展或发散成多个微小的银纹，消耗了断裂的能量，同样提高了材料的力学性能。但 SCE-Al₂O₃ 过量时，纳米 Al₂O₃ 将会发生团聚，对原来的增韧效果起到相反的作用，PES 也会出现团聚，材料内部将会出现缺陷，在受到应力作用时，该缺陷部分将会率先发生破裂，材料的力学性能将会下降。

图 8.16 为 SCE-Al₂O₃ 质量分数为 1%的 SCE-Al₂O₃/PES/MBMI-EP 与 6%的 SCE-Al₂O₃/PES/MBMI-EP 复合材料的断面 SEM 与能谱分析。由图 8.16 可以清楚地看到 SCE-Al₂O₃ 对复合材料结构的影响。在图 8.16（a）中没有发现明显的 SCE-Al₂O₃ 的团聚现象，可以间接证明纳米 Al₂O₃ 通过改性，与基体具有很好的相容性，且分散良好，未发现 PES 聚集体，也说明 SCE-Al₂O₃ 与 PES 具有协同作用。能谱图中 Al 元素的质量分数为 0.48%。加入 Al₂O₃ 的质量分数为 1%，通过计算

可知 Al_2O_3 中的 Al 元素质量分数为 52%，即理想状态下 Al 元素质量分数（0.52%）与实测量（0.48%）基本一致，又可以证明 SCE-Al_2O_3 适量时能够在基体中分散良好。但当 SCE-Al_2O_3 过量时，纳米 Al_2O_3 之间将会发生团聚，使得改性效果不佳。在图 8.16（b）中能明显地看到纳米 Al_2O_3 团聚，纳米 Al_2O_3 之间互相吸附、互相堆叠，使得材料内部出现缺陷，造成局部材料性能变差，影响材料整体性能及应用价值。

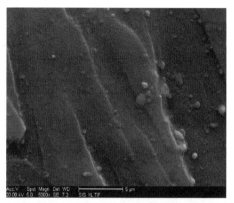
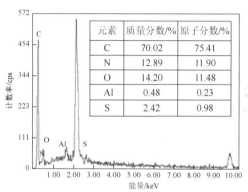

元素	质量分数/%	原子分数/%
C	70.02	75.41
N	12.89	11.90
O	14.20	11.48
Al	0.48	0.23
S	2.42	0.98

(a) 1%SCE-Al₂O₃/PES/MBMI-EP断面SEM(5000×)与能谱图

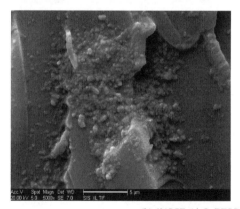
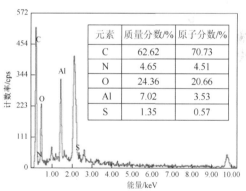

元素	质量分数/%	原子分数/%
C	62.62	70.73
N	4.65	4.51
O	24.36	20.66
Al	7.02	3.53
S	1.35	0.57

(b) 6%SCE-Al₂O₃/PES/MBMI-EP断面SEM(5000×)与能谱图

图 8.16　SCE-Al₂O₃/PES/MBMI-EP 复合材料的断面 SEM 及能谱图

3. AFM 分析

图 8.17 为对 PES/MBMI-EP 与 SCE-Al_2O_3/PES/MBMI-EP 复合材料的 AFM 测试结果。在图 8.17（a）中可以看到，深色为 MBMI-EP 基体，而白色的聚集体相比于基体的高度较高，在基体中以团聚形式存在，可以推断该聚集体为 PES 聚集体，但聚集体的尺寸较小，在树脂中分散均匀，在三维立体图中发现 PES 与基体

的界面没有出现明显的起伏，说明 PES 与基体相互作用强烈，界面作用良好。从图 8.17（b）中可以看到，加入 SCE-Al$_2$O$_3$ 后，不存在或者微量存在 PES 聚集体，PES 的团聚效果不明显，说明 SCE-Al$_2$O$_3$ 促使 PES 与基体相容性进一步增强，在基体中分散更加均匀，所以在三维立体图中发现材料的表面出现较多的、高度较低的、分散较均匀的凸起。这与 SEM 图的结论互相印证，所以适量 SCE-Al$_2$O$_3$ 有促进 PES 分散的作用。

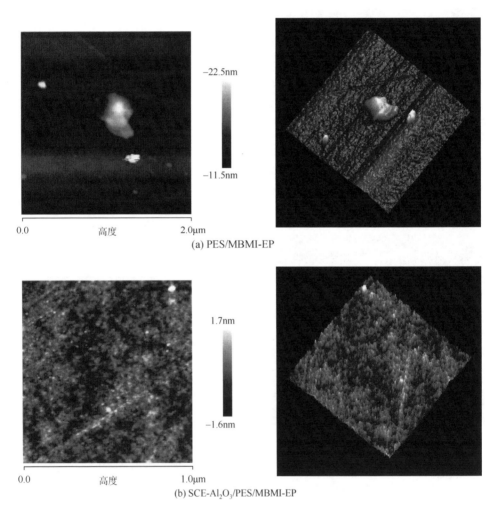

图 8.17　PES/MBMI-EP 与 SCE-Al$_2$O$_3$/PES/MBMI-EP 复合材料的 AFM 图

8.3.2　性能

1. 力学性能

1）抗弯强度

图 8.18 为不同质量分数 SCE-Al$_2$O$_3$ 时 SCE-Al$_2$O$_3$/PES/MBMI-EP 复合材料的抗弯强度。加入 SCE-Al$_2$O$_3$ 使复合材料的抗弯强度有一个明显增加的过程，当 SCE-Al$_2$O$_3$ 质量分数为 3%时，复合材料的抗弯强度为 159.1MPa，较未加 SCE-Al$_2$O$_3$ 的基体的抗弯强度提升了 13.4%。这主要是因为，一方面，SCE-Al$_2$O$_3$ 能够在初生银纹发生时使其钝化，若在初生银纹发展过程中未遇到 SCE-Al$_2$O$_3$，初生银纹继续发展成初生微裂纹，初生微裂纹经过 SCE-Al$_2$O$_3$，这时 SCE-Al$_2$O$_3$ 同样因为与基体的强烈的相互作用，会抑制微裂纹的继续扩大，消耗大量能量，达到提高力学性能的效果；另一方面，SCE-Al$_2$O$_3$ 有助于 PES 的分散，防止 PES 的团聚，使材料内部更加规整，降低缺陷密度，达到增加抗弯强度的效果。同时当 SCE-Al$_2$O$_3$ 过量时，会发生团聚，这样不利于减少缺陷，反而产生大量的缺陷，使复合材料的抗弯强度下降，所以复合材料抗弯强度整体上呈现先增加后减少的趋势。

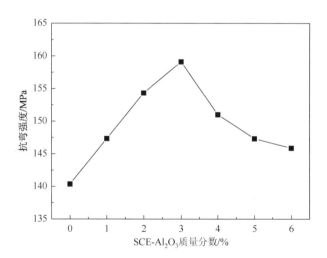

图 8.18　SCE-Al$_2$O$_3$/PES/MBMI-EP 复合材料的抗弯强度

2）冲击强度

在材料实际应用中有很多的韧性要求，而冲击强度是表征韧性的重要参数。图 8.19 为不同质量分数 SCE-Al$_2$O$_3$ 时 SCE-Al$_2$O$_3$/PES/MBMI-EP 复合材料的冲击强度。如图 8.19 所示，复合材料的冲击强度先升高后降低，在 SCE-Al$_2$O$_3$ 质量分数为 3%时，复合材料的冲击强度最大，为 21.2kJ/mm^2，与未加入 SCE-Al$_2$O$_3$ 的基体的冲击强度（18.3kJ/mm^2）相比，提高 15.85%。当材料受到外力作用时，SCE-Al$_2$O$_3$ 将会抑制断裂纹与初生银纹的发展，也会通过 SCE-Al$_2$O$_3$ 与基体之间的相互作用来增韧基体，复合材料的冲击强度将会升高。但当 SCE-Al$_2$O$_3$ 过量时，SCE-Al$_2$O$_3$ 将会发生团聚，复合材料的冲击强度将会降低。

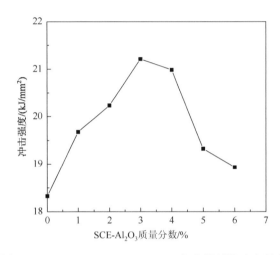

图 8.19　SCE-Al$_2$O$_3$/PES/MBMI-EP 复合材料的冲击强度

2. 耐热性

　　图 8.20 为 SCE-Al$_2$O$_3$/PES/MBMI-EP 复合材料的热失重曲线三维带状图，表 8.3 为对应的热分解温度数据。从图 8.20 与表 8.3 中可以看到，随着 SCE-Al$_2$O$_3$ 逐渐加入基体中，复合材料的热分解温度先升高后降低，在 SCE-Al$_2$O$_3$ 质量分数达到 3%时，复合材料的热分解温度达到最高，为 412.4℃，较未加入 SCE-Al$_2$O$_3$ 的基体的热分解温度提高 8.5℃。一方面，SCE-Al$_2$O$_3$ 加入基体中，与基体将会发生强烈的相互作用，有助于基体中的高分子链段发生缠结，形成物理交联，提高复合材料的耐热性；另一方面，SCE-Al$_2$O$_3$ 可以使得 PES 在基体中分散均匀，PES 与基体具有一定的相容性，使 PES 可以与基体的高分子链发生缠绕，减少高分子链段运动空间，增加运动的阻力，需要更高的能量才能使分子链运动，达到增加耐热性的目的。此外，纳米 Al$_2$O$_3$ 具有小尺寸作用，在材料成型的过程中可以填补材料内部的缺陷，使复合材料内部分子更加有序，提高耐热性。但当 SCE-Al$_2$O$_3$ 过量时，会发生团聚，对 PES 的分散效果不明显，PES 将会出现聚集体，不仅不会增加材料的耐热性，而且会产生更多的缺陷与空隙，在材料受热过程中 PES 聚集体

将会率先分解，降低复合材料整体的耐热性，降低热分解温度。在图 8.20 中也可以看到，SCE-Al₂O₃/PES/MBMI-EP 复合材料在 600℃时的残重率均高于 PES/MBMI-EP 复合材料，这是因为基体中掺杂纳米 Al₂O₃，而纳米 Al₂O₃ 的热分解温度极高，在 600℃时纳米 Al₂O₃ 不分解，所以残重率均高于 PES/MBMI-EP 复合材料。

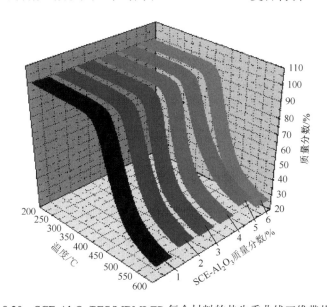

图 8.20　SCE-Al₂O₃/PES/MBMI-EP 复合材料的热失重曲线三维带状图

表 8.3　SCE-Al₂O₃/PES/MBMI-EP 复合材料的热分解温度数据

SCE-Al₂O₃ 质量分数/%	T_d/℃	T_d^{20}/℃	T_d^{50}/℃
0	403.9	417.4	464.1
1	406.3	421.4	465.9
2	409.8	422.9	468.5
3	412.4	426.3	469.9
4	410.2	423.4	468.4
5	408.3	420.8	466.5
6	407.9	418.2	465.1

3. 相对介电常数与介电损耗角正切

为了了解 SCE-Al₂O₃ 对 SCE-Al₂O₃/PES/MBMI-EP 复合材料介电性能的影响，制得试样进行相对介电常数与介电损耗角正切测试。

　　图 8.21 为 SCE-Al₂O₃/PES/MBMI-EP 复合材料的相对介电常数曲线。复合
材料的相对介电常数随着频率的增加而减少。因为转向极化受频率的影响较
大，当材料处于低频时，转向极化有足够的时间完成，所以相对介电常数较大。
当材料处于高频时，没有足够的时间完成偶极子的极化，所以相对介电常数随
着频率的增加而减小。当 SCE-Al₂O₃ 质量分数为 1%时，SCE-Al₂O₃ 对 PES 起
到分散作用，致使 PES 与基体的界面减少，界面极化减少，相对介电常数降低。

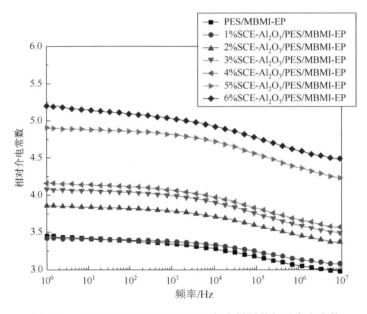

图 8.21　SCE-Al₂O₃/PES/MBMI-EP 复合材料的相对介电常数

　　当少量的 SCE-Al₂O₃ 加入基体中时，会提高复合材料内部各个结构的规整性，
降低相对介电常数。但纳米 Al₂O₃ 的相对介电常数较大（10.51），而 SCE-Al₂O₃
将会使复合材料中的极性基团数量增加，相对介电常数将会增加。以上因素共
同作用于材料的相对介电常数的宏观表象，导致在 SCE-Al₂O₃ 质量分数为 1%
时，低频区内 SCE-Al₂O₃/ PES/MBMI-EP 复合材料的相对介电常数与
PES/MBMI-EP 复合材料的相对介电常数相接近，或在部分区域略小于
PES/MBMI-EP 复合材料的相对介电常数。在高频区内，PES/MBMI-EP 复合材
料由于转向极化受阻，所以相对介电常数下降，但加入纳米 Al₂O₃ 后主要发生
电子极化，在极短的时间内就能完成，所以 SCE-Al₂O₃/PES/MBMI-EP 复合材
料相对介电常数下降的速度没有 PES/MBMI-EP 复合材料快。当 SCE-Al₂O₃ 质
量分数为 2%～4%时，加入 SCE-Al₂O₃ 将会致使复合材料内部的极性基团变多，

但 SCE-Al₂O₃ 对 PES 的促进分散作用会使相对介电常数升高速度较小。当 SCE-Al₂O₃ 质量分数达到 5%～6%时，复合材料的极性基团起到主要作用，复合材料的相对介电常数迅速增加。此外，在大量增加 SCE-Al₂O₃ 时，在 SEM 图中可以发现纳米 Al₂O₃ 将会发生团聚，造成材料内部的缺陷，影响材料内部电荷的分布，致使材料的相对介电常数进一步增加。

图 8.22 为 SCE-Al₂O₃/PES/MBMI-EP 复合材料的介电损耗角正切曲线。复合材料的介电损耗角正切随着频率的升高而增大，当复合材料处于较低频率时，由于偶极子的转向能跟得上外加电场的方向改变，所以复合材料的损耗主要来自电导损耗，介电损耗角正切较低。但随着频率的升高，复合材料会出现松弛现象，这时复合材料内将出现对偶极子的阻碍黏滞作用，产生大量的热，所以介电损耗角正切不断增高。但当频率继续增加时，复合材料中所有的偶极子均跟不上电场方向改变，所以介电损耗角正切将不会提升。加入 SCE-Al₂O₃ 对 PES 在 MBMI-EP 的分散起到促进作用，当加入质量分数为 1%的 SCE-Al₂O₃ 时，介电损耗角正切增加，可以使 PES 分散均匀，降低复合材料的 PES 与 MBMI-EP 的界面作用，增加复合材料的规整性，减少摩擦作用，但引入偶极子同样会增加电导损耗。因为偶极子的引入起主要作用，所以介电损耗角正切提高。但随着 SCE-Al₂O₃ 的质量分数增加，SCE-Al₂O₃ 对 PES 的促进分散作用起主要作用，所以 SCE-Al₂O₃ 质量分

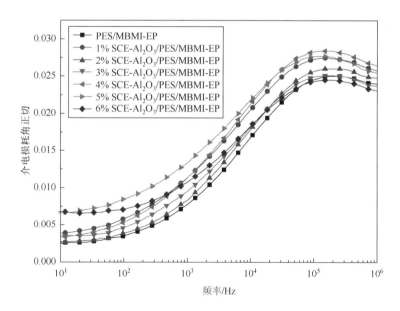

图 8.22　SCE-Al₂O₃/PES/MBMI-EP 复合材料的介电损耗角正切

数为2%时，复合材料的介电损耗角正切比 SCE-Al$_2$O$_3$ 质量分数为1%时要小。但随着 SCE-Al$_2$O$_3$ 继续加入，复合材料的偶极子与带电粒子均会持续增加，致使介电损耗角正切迅速升高。当 SCE-Al$_2$O$_3$ 过量时，纳米 Al$_2$O$_3$ 将会发生团聚，材料内部将会出现更多的界面，更加不利于降低介电损耗角正切，复合材料的介电损耗角正切不断升高。

第 9 章　改性 RGO-MBAE 复合材料的 制备及性能研究

本章以改进的 Hummers 法制备氧化石墨烯（graphene oxide，GO），采用离子液体进行改性，通过原位聚合法制备改性 RGO-MBAE 复合材料，研究复合材料的微观结构与性能。

9.1　GO 还原及改性

9.1.1　FT-IR 分析

1. GO

图 9.1 为四种方案制备的 GO 的 FT-IR 图。图中，A_0、A 样品的氧化时间分别为 1h 和 2h，B 和 C 样品的氧化时间分别为 1h 和 2h 且石墨与硝酸钠的质量比为 1：1。

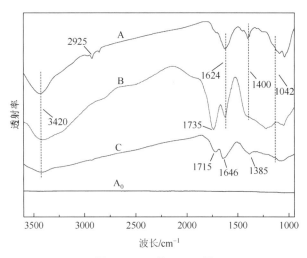

图 9.1　GO 的 FT-IR 图

从图 9.1 中可知，A_0 样品并未在任何波长出峰，可以认为 A_0 样品不能有效地制备 GO，因此在后续测试中不再对 A_0 样品进行表征。A、B、C 三种样品均在 3420cm^{-1} 处出现羟基（—OH）伸缩振动峰，在 1646cm^{-1} 或 1624cm^{-1} 处出现芳环上 C ═ C 键伸缩振动峰，在 1385cm^{-1} 或 1400cm^{-1} 处出现羧基中—OH 伸缩振动峰，在 1042cm^{-1} 处为环氧基（C—O—C）伸缩振动峰；而 A 样品在 2925cm^{-1} 处出现亚甲基中 C—H 伸缩振动峰，B、C 样品分别在 1735cm^{-1} 和 1715cm^{-1} 出现羰基（C ═ O）伸缩振动峰，也可表征为酮基或醌基。综合上述表征结果可以看出，在 GO 表面有丰富的含氧官能团，包括羧基、羰基、羟基和环氧基等，层间含有许多游离水，同时出现 C ═ C 键的伸缩振动峰，这表明天然石墨在氧化过程中被剥离，并在表面以及边缘缺陷处接上大量基团，可以证实石墨被氧化。其中 A 样品出现了亚甲基特征峰，推测是由于在氧化过程中片层边缘处被严重破坏，与苯环中相邻的 3 个碳原子连接氢原子，这时就会生成一个亚甲基。B、C 样品采用相同的石墨与硝酸钠质量比，仅低温氧化时间有所不同，可以看出其在经过低温插层及后续氧化的过程中，表面和边缘处出现的含氧基团基本不变，因此推测在低温氧化 1h 时，GO 片层上及边缘处的活性点已经被氧化，随着氧化的进行，活性基团的吸收峰强度不同即氧化程度不同，含氧基团的种类未发生变化。因此低温氧化时间为 1h 即可，后续实验中采用 B 样品制备方案。

2. 水合肼还原 GO

图 9.2 是 GO 经水合肼（hydrazine hydrate，HHA）还原后的 FT-IR 图，其中曲线 a、b、c 分别采用 GO 与 HHA 质量比为 10∶10、10∶9 和 10∶8 进行还原。在 3428cm^{-1} 处出现—OH 的伸缩振动峰，1401cm^{-1} 处出现羧基中羟基的伸缩振动峰，1050cm^{-1} 处出现环氧基的伸缩振动峰。通过图 9.2 可以看出，随着质量比的提高，GO 的还原程度越来越好，当质量比为 10∶10 时，还原氧化石墨烯（reduced

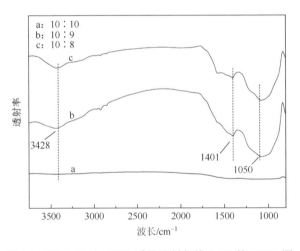

图 9.2　不同 GO 与 HHA 质量比制备的 RGO 的 FT-IR 图

graphene oxide，RGO）趋向于一条直线，仅在 3428cm^{-1} 处因少量的游离水出现—OH，其他含氧基团基本消失；而其他两种质量比中，虽然一些基团消失或减少，但 RGO 表面仍存在—OH 或环氧基，说明当 HHA 较少时，GO 的还原效果并不理想。因此选择 GO 与 HHA 质量比为 10∶10 为后续 GO 还原的最佳条件。

3. 壳聚糖和氢氧化钾还原 GO

图 9.3 中曲线 a、b 分别为壳聚糖（chitosan，CS）和氢氧化钾（KOH）还原GO 的 FT-IR 图。由图 9.3 可以看出，曲线 a、b 分别在 3423cm^{-1} 和 3434cm^{-1} 左右出现羟基，1416cm^{-1}、1401cm^{-1}、1050cm^{-1} 处的特征峰强度都有所下降，这表明部分含氧官能团减少或脱除，而 1623cm^{-1} 处的 C＝C 特征峰依然存在，说明 RGO 的基本结构没有破坏。另外发现，CS 还原 GO 的效果不明显，其原因可能是 CS 的分子链段较长、极性较弱、还原反应慢且温和。

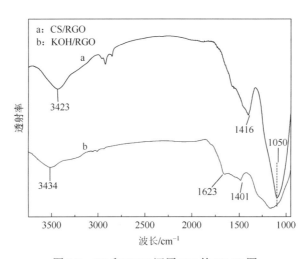

图 9.3　CS 和 KOH 还原 GO 的 FT-IR 图

4. 氨基离子液体改性 GO

图 9.4 中曲线 a、b 分别是 NH$_2$IL 和 NH$_2$IL/RGO 的 FT-IR 图。从曲线 a 中可以看出，2848cm^{-1} 出现氨基伸缩振动峰，但由于结构内部存在强的氢键，氨基伸缩振动峰变宽，而且出现许多特征峰，1444cm^{-1}、1081cm^{-1} 均为咪唑环的伸缩振动峰，1577cm^{-1} 为 N—H 面内弯曲振动峰，753cm^{-1} 为—NH$_2$ 面外弯曲振动峰。在曲线 b 中，3396cm^{-1} 出现强烈的 N—H 伸缩振动峰，2948cm^{-1} 出现芳环上 C—H 伸缩振动峰，1446cm^{-1}、1170cm^{-1} 为 NH$_2$IL 咪唑环骨架的伸缩振动峰；1578cm^{-1}、753cm^{-1} 出现—NH$_2$ 的弯曲振动峰。由上述可知，采用离子液体改性 GO，RGO 表面上出现氨基，而 GO 表面含氧官能团基本消失，推测是由于在 HHA 还原 GO

时，其表面部分基团被还原，而未被还原的基团（如环氧基）与 NH₂IL 上的氨基发生亲核取代而开环，因此出现氨基伸缩振动峰，从而实现 GO 改性的目的。

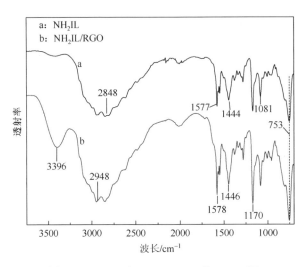

图 9.4　NH₂IL 和 NH₂IL/RGO 的 FT-IR 图

9.1.2　热失重分析

图 9.5 为石墨粉、RGO、GO 和 NH₂IL/RGO 的热失重曲线。从图 9.5 中可以看出，石墨粉在 600℃左右有初始质量损失，在 700℃才出现明显质量损失，这表明石墨有很高的热稳定性，在氮气氛围中不易被氧化；GO 和 RGO 在 100～200℃

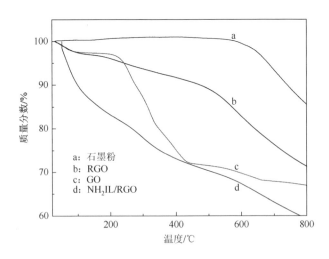

图 9.5　石墨粉、RGO、GO 和 NH₂IL/RGO 的热失重曲线

出现一次质量损失，这段质量损失是由 GO 层间有部分未干燥的游离水引起的；但 GO 在 200～450℃有一段持续质量损失，与 RGO 和石墨粉的趋势并不相同，这是由 GO 表面大量基团脱除造成的，结合 FT-IR 分析可知，GO 表面有丰富的含氧基团，而 RGO 表面的基团基本被还原，因此 RGO 在 600℃后的质量损失趋势类似石墨粉；NH$_2$IL/RGO 在 100～800℃处于持续质量损失状态，在 100～400℃由少量水分和未还原的含氧官能团引起质量损失，400～800℃的进一步质量损失则为 NH$_2$IL 的分解，通过对比 RGO 和 NH$_2$IL/RGO 质量损失，可以算出改性 RGO所吸附的 NH$_2$IL 质量分数在 15%左右。

9.1.3　XRD 分析

图 9.6 为石墨粉、GO、RGO 和 NH$_2$IL/RGO 的 XRD 图。依据布拉格方程 $2d\sin\theta = n\lambda$（其中，d 为晶面层间距，θ 为衍射角，n 为衍射级数，λ 为 X 射线的波长），石墨粉在 $2\theta = 26.38°$处有强烈的天然石墨（002）晶面的衍射峰，这表明天然石墨晶体结构高度规整,计算得石墨粉的层间距为 0.338nm; GO 在 $2\theta = 10.91°$出现一个新峰，此时层间距为 0.810nm，较石墨粉明显增加，表明石墨被剥离，层间有游离水或基团将片层打开；经过 HHA 还原后，10.91°处的峰消失，而在 24.03°（$d = 0.370$nm）处出现一个类石墨（001）宽又弱的新峰，RGO 与石墨粉的层间距接近，这说明 GO 表面大量基团被还原，但仍有少量残留，使得干燥后的 RGO 间距仍比石墨粉大；另外，由于缺少表面和边缘处的含氧基团，片层之间的范德瓦耳斯力增大，使得 RGO 重新堆积在一起；NH$_2$IL/RGO 中的 2θ 减小到 22.36°（$d = 0.397$nm），这说明通过离子液体改性后，在 GO 层间有更多的结构被

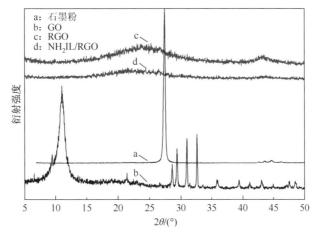

图 9.6　石墨粉、GO、RGO 和 NH$_2$IL/RGO 的 XRD 图

填充进去,经还原后其结构中含有少量的官能团;同时 NH₂IL 中含有咪唑五元环,该五元环可与 GO 结构中的六元环发生 π-π 共轭而相互结合,这使得 GO 层间距增大,此作用有利于提高 GO 的分散性。

9.1.4 SEM 分析

图 9.7 为 GO、RGO 和 NH₂IL/RGO 的 SEM 图。

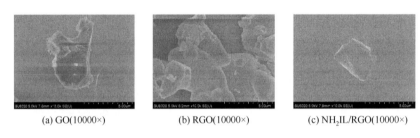

(a) GO(10000×)　　　　(b) RGO(10000×)　　　　(c) NH₂IL/RGO(10000×)

图 9.7　GO、RGO 和 NH₂IL/RGO 的 SEM 图

由 XRD 分析可知,在石墨被氧化的过程中,片层之间被撑开,大量基团连接在 GO 表面或边缘,使得层间范德瓦耳斯力减小,被剥离成单层或层数较少的 GO。图 9.7(a)中 GO 呈现出片状结构,在边缘处有明显的堆积,这说明得到的 GO 并非单层 GO;图 9.7(b)中 RGO 尺寸略有增大,这是由于在还原过程中新生成的芳香结构使得石墨尺寸增大,又由于 RGO 表面含有少量极性基团,相互作用力较强,其堆积较 GO 更为严重;图 9.7(c)中 NH₂IL/RGO 颜色较浅,边缘近乎透明,这说明 NH₂IL 的加入减弱了 GO 层间的 π-π 共轭作用,NH₂IL 改性 GO 可明显提高 GO 在介质中的分散性。这一点在后面的分析中得以证实。

9.1.5 分散分析

图 9.8(a)和(b)分别为 0.1mg/mL 的 NH₂IL/RGO 和 RGO 经超声分散于不同溶剂中并放置 2 个月前后的照片。从图 9.8(a)中能看出,经过超声分散后 NH₂IL/RGO 和 RGO 均可以在 DMF、乙醇和水中短暂均匀分散。经过 2 个月静置后,从图 9.8(b)中可以看出,RGO 在水中出现团聚,仅少量能悬浮在水中;NH₂IL/RGO 在不同溶剂中有着不同分散性,在 DMF 中完全分散,没有发生团聚;在乙醇中在瓶壁处有少量的聚集,未完全分散;在水中分散性最差,在底部出现大量沉积物。这说明 NH₂IL/RGO 能稳定分散在多种溶剂中,并且在这三种溶剂中的分散情况是 DMF>乙醇>水。

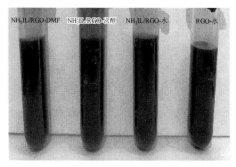
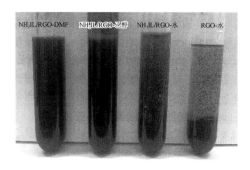

(a) 超声分散后　　　　　　　　　　　　(b) 放置2个月后

图 9.8　NH₂IL/RGO 和 RGO 在溶剂中的分散情况

9.2　NH₂IL/RGO-MBAE 复合材料的微观结构

本节及 9.3 节研究并讨论 NH₂IL/RGO-MBAE 复合材料微观特征和宏观性能，主要包括 FT-IR 分析、SEM 分析、力学性能、耐热性和介电性能，样品编号如表 9.1 所示。

表 9.1　NH₂IL/RGO-MBAE 复合材料的样品编号

编号	成分	NH₂IL/RGO 质量分数/%
A0	MBAE	0
A1	NH₂IL/RGO-MBAE	0.1
A2	NH₂IL/RGO-MBAE	0.5
A3	NH₂IL/RGO-MBAE	1
A4	NH₂IL/RGO-MBAE	1.5
A5	NH₂IL/RGO-MBAE	2
A6	NH₂IL/RGO-MBAE	2.5

9.2.1　FT-IR 分析

图 9.9 为 NH₂IL/RGO-MBAE 复合材料的 FT-IR 图。

由图 9.9 可知，在曲线 a 上 $3160cm^{-1}$ 处出现 BMI 分子中 $C \!=\! C$ 键的伸缩振动峰，该峰在 MBAE 和 NH₂IL/RGO-MBAE 上均消失，这是由于双键和烯丙基化合物发生双烯加成反应；在 $1513cm^{-1}$ 处出现了酰亚胺基的伸缩振动峰。在曲线 c 上 $2926cm^{-1}$ 处出现了芳环上的 C—H 伸缩振动峰，$1169cm^{-1}$ 处出现了咪唑骨架的伸缩振动峰，这表明 NH₂IL/RGO 被成功掺杂进复合材料中，并且结构没有破坏，保持了 GO 和咪唑的特征结构。

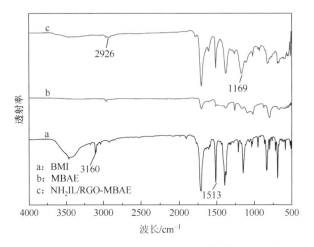

图 9.9   NH₂IL/RGO-MBAE 复合材料的 FT-IR 图

9.2.2   SEM 分析

1. MBAE 基体的 SEM 分析

图 9.10 为 MBAE 基体的断面 SEM 图。未改性的 MBAE 断面呈现平整光滑的状态，是典型的脆性断裂，说明经过烯丙基化合物增韧后，MBAE 的力学性能有所改善，但并不显著。

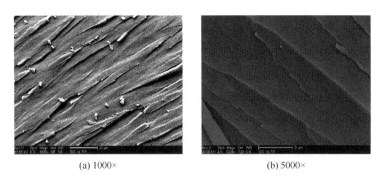

(a) 1000×   (b) 5000×

图 9.10   MBAE 基体的断面 SEM 图

由图 9.10（a）可以看出，MBAE 断面有着明显的断裂纹，裂纹呈现长、直等特点，且裂纹发展方向呈现一致性，说明在受到外力作用时所受阻力很小。从机理上看，由于 BMI 中双键和烯丙基化合物发生双烯加成反应，在一定程度上提高了分子链的柔顺性，降低了交联密度，但生成的梯形结构仍然高度规整，在外力作用时不能有效地分散，致使外力仍在最初缺陷产生处一直发展，直到材料破坏。由图 9.10（b）可以看出，在有些大的断面上有小的断裂纹，这说明当 BMI 被烯丙基化合物改性后，部分交联点间柔性增强，能够在受到应力时使应力发生偏移，分散一部分应力，虽然无法阻止裂纹的发展趋势，但能起到一定的阻止作用。通过对不同倍率下 MBAE 微观形貌进行观察，尽管烯丙基化合物可以对 BMI 进行增韧，但效果有限，因此需要结合其他改性方法共同改性，达到增韧的目的。

2. NH₂IL/RGO-MBAE 复合材料的 SEM 分析

为了研究 NH₂IL/RGO 对 MBAE 的增韧效果及相互作用情况，将 NH₂IL/RGO-MBAE 复合材料脆断后进行 SEM 表征，分别选取两个样品进行讨论，如图 9.11 所示。

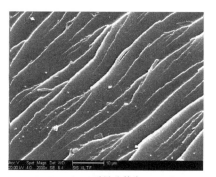
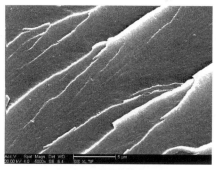

(a) NH₂IL/RGO质量分数为1%(2000×)　　　　　(b) NH₂IL/RGO质量分数为1%(5000×)

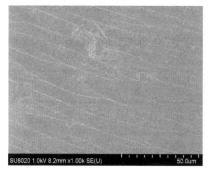
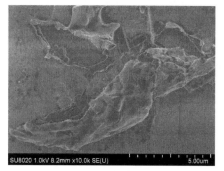

(c) NH₂IL/RGO质量分数为2%(1000×)　　　　　(d) NH₂IL/RGO质量分数为2%(10000×)

图 9.11　NH₂IL/RGO-MBAE 复合材料的断面 SEM 图

相比于 MBAE 基体光滑平整的断面，添加不同质量分数的 NH₂IL/RGO 后 NH₂IL/RGO-MBAE 复合材料断裂纹更加杂乱。随着 NH₂IL/RGO 质量分数的增加，断裂纹更加密集，这说明添加 NH₂IL/RGO 后在外力作用下，GO 的层状结构遭到破坏时，会消耗大量能量，抑制缺陷处产生的银纹的进一步发展，同时 GO 起着"裂纹钉锚"的作用，从而使裂纹前缘呈波浪形的弓状，基体的韧性进一步提高。观察图 9.11（c）可以看出，GO 在 MBAE 基体中有着良好的分散，被紧密地包裹在基体中。GO 表面几乎不存在基团，因此推测 GO 与基体的结合是以物理结合为主、以化学结合为辅的形式。此外，HN$_2$IL 使 GO 层间距增大，更有利于 GO 片层在基体中分散。由图 9.11（d）可以看出，GO 在基体中仍然以片层的形式存在，存在不同程度的堆积情况，在边缘处呈卷曲形貌，这说明原位超声复合法可以很好地使 NH$_2$IL/RGO 在 MBAE 体系中分散。

9.3　NH$_2$IL/RGO-MBAE 复合材料的性能

9.3.1　力学性能

1. 冲击强度

冲击强度是衡量材料韧性的重要指标，参照《树脂浇铸体性能试验方法》（GB/T 2567—2008）制备 NH$_2$IL/RGO-MBAE 复合材料试样，测试 NH$_2$IL/RGO-MBAE 复合材料的冲击强度，结果如图 9.12 所示。

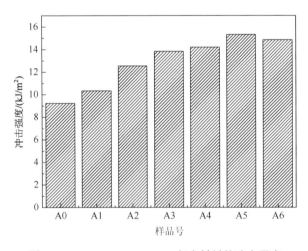

图 9.12　NH$_2$IL/RGO-MBAE 复合材料的冲击强度

如图 9.12 所示，NH$_2$IL/RGO-MBAE 复合材料的冲击强度呈现先增强后减弱的趋势。结合微观形貌的分析，可以得出以下结论。A0 样品冲击强度最低，测试值仅为 9.23kJ/m^2，力学性能最差，这说明只通过烯丙基化合物改性 BMI，由于内部结构规整，交联密度较大，缺陷处产生的断裂纹发展过程中遇到的阻力小，尖端不易钝化，宏观反映为脆性大、冲击强度低。当加入 NH₂IL/RGO 后，NH₂IL/RGO-MBAE 复合材料的冲击强度提高，在 NH₂IL/RGO 质量分数为 2%时达到最大值，为 15.33kJ/m²，较 A0 样品提高了 66.09%。这是由于当断裂到达 GO 时，断裂纹需要绕过或穿过 GO，分散一部分能量，且 GO 在基体中分散均匀，与基体有较强的作用力，欲使界面受到破坏需吸收大量的能量，因而有效地提高了材料的韧性。这种变化趋势与对微观结构的推测相互印证。

当 NH₂IL/RGO 质量分数进一步提高时，NH₂IL/RGO-MBAE 复合材料的冲击强度随之下降。可能是由于具有较大比表面积的 GO 间由于 π-π 键相互作用增强，与基体的相互作用力降低，团聚倾向增强，分散性下降，当受到外力作用时易产生应力集中，由银纹转化为微裂纹，直至断裂。因此随着 NH₂IL/RGO 质量分数的增加，NH₂IL/RGO-MBAE 复合材料的冲击强度出现先增大后减小的趋势。

2. 抗弯强度

通常将材料抗弯曲能力称为抗弯强度，抗弯强度能在一定程度上反映材料的韧性和受力时的表现。NH₂IL/RGO-MBAE 复合材料的抗弯强度测试结果如图 9.13 所示。由图 9.13 可见，NH₂IL/RGO-MBAE 复合材料的抗弯强度与冲击强度呈现相似的趋势，仍为先增强后减弱，同样在 NH₂IL/RGO 质量分数为 2%处出现最大值，为 142MPa，较 A0 样品的抗弯强度（100MPa）提升了 42%。

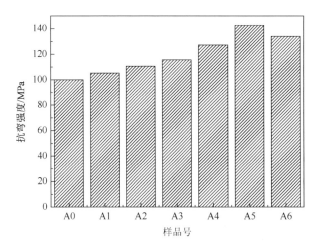

图 9.13　NH₂IL/RGO-MBAE 复合材料的抗弯强度

与受冲击产生的裂纹扩散不同，NH₂IL/RGO-MBAE 复合材料受弯曲时产生屈服。内部结构遭到破坏时首先出现大量银纹，随着外力持续施加，银纹进而贯穿并形成微裂纹，随后才会发生宏观断裂的现象。NH_2IL/RGO 在材料的屈服过程中起到重要作用，烯丙基化合物和 MBAE 基体形成的稳定梯形结构连接紧密，可以消耗大量能量，当缓慢受力时，能量沿着 GO 进行传递，GO 具有高强度，吸收部分能量，可以保持材料力学性能稳定；产生微裂纹后，当微裂纹在基体内延伸时，GO 发生卷曲或层间距减少，起到缓冲的作用，可以阻断微裂纹发展并改变其发展方向，这也印证了微观结构中微裂纹方向的变化，这个过程可以散耗外力，使得材料发生较大的形变而又不至于快速破坏。

　　过量的 NH_2IL/RGO 将相互堆积在一起引起缺陷，易产生应力集中或应力开裂，故当 NH_2IL/RGO 质量分数高于 2%时，NH_2IL/RGO-MBAE 复合材料的抗弯强度同样开始降低。

9.3.2　耐热性

　　耐热性是材料在受到外加热时保持优良性能的能力。图 9.14 为 NH_2IL/RGO-MBAE 复合材料的热失重曲线三维带状图。

　　从图 9.14 中可以看出，随着 NH_2IL/RGO 的加入，NH_2IL/RGO-MBAE 复合材料在 550℃依然保持着将近 50%的残重率，并随着 NH_2IL/RGO 质量分数的增加略有升高。这是由于 GO 具有良好的热稳定性，在 550℃依然能保持结构的稳定，不热分解。因此当温度较高时，NH_2IL/RGO-MBAE 复合材料具有较好的热稳定性。

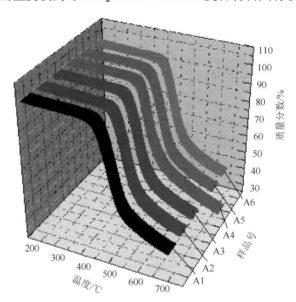

图 9.14　NH_2IL/RGO-MBAE 复合材料的热失重曲线三维带状图

NH_2IL/RGO-MBAE 复合材料在各热失重下的热分解温度数据如表 9.2 所示。

表 9.2　NH₂IL/RGO-MBAE 复合材料的热分解温度数据

样品编号	T_d/℃	T_d^5/℃	T_d^{10}/℃
A1	406.09	451.38	466.29
A2	410.40	453.20	468.53
A3	415.57	456.65	470.27
A4	421.15	457.21	470.65
A5	435.73	460.27	470.32
A6	420.74	452.86	467.95

经查阅文献可知，MBAE 的热分解温度在 390℃左右，是一种耐高温型树脂。当加入少量的 NH₂IL/RGO 后，样品的热分解温度明显增加，随着 NH₂IL/RGO 质量分数的增加呈现先升高后降低的趋势。当 NH₂IL/RGO 质量分数为 2%时，样品的热分解温度达到最大，为 435.73℃。当 NH₂IL/RGO 质量分数进一步增加时，对样品热分解温度的提升并不明显，且在 T_d^{10} 时的残重率基本未发生变化，说明过多的掺杂并不会持续提升材料的热性能。产生这种现象主要有两方面原因：一方面，GO 和离子液体中存在的芳香结构和咪唑环，与 MBAE 基体中的苯环结构产生共轭结构或配位键合，阻碍了 MBAE 链段的热振动，增加了聚合物被热破坏所需要的能量，从而提高了复合材料的热稳定性；另一方面，GO 具有高的导热系数，并且在基体中以片层结构存在，可以将热量快速导出，从而减少热集中，进一步提高复合材料的热稳定性。但是大量掺杂 NH₂IL/RGO 会造成团聚，从而形成内部缺陷，使局部热应力集中，从而使复合材料的热稳定性下降。

9.3.3　介电性能

1. 相对介电常数

图 9.15 是不同质量分数 NH₂IL/RGO 的 NH₂IL/RGO-MBAE 复合材料在 $10^2 \sim 10^7$Hz 频率内的相对介电常数曲线。在低频率时，若 NH₂IL/RGO 质量分数较低，则复合材料的相对介电常数相似且增幅较小；当 NH₂IL/RGO 质量分数接近渗流阈值时，复合材料的相对介电常数发生突变，快速增加，达到最大值后又有回落。当 NH₂IL/RGO 质量分数为 2%时，复合材料的相对介电常数有最大的起始值，达到 84，相比 MBAE 基体的相对介电常数（$\varepsilon = 3.57$）提高了 22.5 倍。

根据渗流阈值理论，当掺杂 GO，且 GO 的质量分数 P 接近渗流阈值 P_c 时，复合材料的相对介电常数与 GO 质量分数的关系如下：

$$\varepsilon \propto \varepsilon_1 (P_c - P)^s, P_c \geqslant P \tag{9.1}$$

式中，ε 和 ε_1 分别为复合材料和基体的相对介电常数；P_c 为渗流阈值；P 为 GO 的质量分数；s 为临界参数。

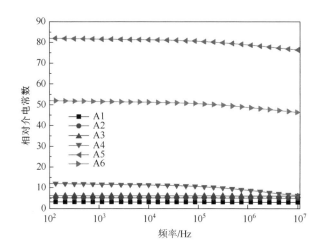

图 9.15　NH$_2$IL/RGO-MBAE 复合材料的相对介电常数

对式（9.1）进行数据拟合，得到 NH$_2$IL/RGO-MBAE 复合材料的渗流阈值为 2.25%左右。复合材料在低频下具有较高的相对介电常数可以通过微电容理论进行解释。由于 GO 在复合材料中以两相形式存在，随着 NH$_2$IL/RGO 质量分数的增加，相界面增加，界面极化作用增强，因而复合材料的相对介电常数提高。当 GO 质量分数达到渗流阈值时，材料发生由绝缘体到导体的转变，当 GO 质量分数未到 2.25%时，体系内两相界面非常多，使得相对介电常数急剧增加，由于此时 GO 间距很小但未接触，GO 之间相当于无数的微电容，而大量的微电容提高了复合材料储存电荷的能力，在宏观上表现为相对介电常数的提高。而当进一步增加 GO 质量分数时，GO 容易发生团聚，相界面大大减少，相互连接，构成导电网络，复合材料由绝缘体转变为半导体或者导体，丧失了介电性。

在 $10^2\sim10^7$Hz 频率范围内，同一种复合材料的相对介电常数随着频率的增加都有着不同程度的降低。当 NH$_2$IL/RGO 质量分数低于渗流阈值时，NH$_2$IL/RGO-MBAE 复合材料的相对介电常数变化趋势很小，基本保持不变；当 NH$_2$IL/RGO 质量分数接近渗流阈值时，NH$_2$IL/RGO-MBAE 复合材料的相对介电常数出现突变，且随着频率增加有大幅的衰减。这是因为复合材料在低频区相对介电常数的提高由界面极化起主导作用，界面两侧组分具有不同电导率或极性，由于极化时间长，在电场作用下偶极子转向极化可以跟得上电场的变化；当频率在 10^4Hz 以上时，由于介质的内黏滞作用，偶极子转向受到摩擦阻力的影响，落后于电场的变化，取向极化作用减弱，使得相对介电常数下降[116]。根据 Heer

等的理论模型[117]，复合材料的相对介电常数与频率呈现负指数关系，即复合材料的相对介电常数随频率增大而降低，符合测试结果。

2. 介电损耗角正切

图 9.16 是不同质量分数 NH$_2$IL/RGO 的 NH$_2$IL/RGO-MBAE 复合材料在 10^2～10^{7}Hz 频率的介电损耗角正切随频率变化的曲线。在 1kHz 时，随着 NH$_2$IL/RGO 质量分数增加，复合材料的介电损耗角正切呈上升趋势。当 NH$_2$IL/RGO 质量分数小于 1% 时，复合材料的介电损耗角正切与 MBAE 基体基本相近；当 NH$_2$IL/RGO 质量分数进一步增加到渗流阈值时，复合材料的介电损耗角正切进一步提高，达 1.05 左右，且随着 NH$_2$IL/RGO 质量分数增加进一步提高。这是由于 GO 的增加使界面极化增加，界面极化率变大，因此复合材料的介电损耗角正切也不断增大。

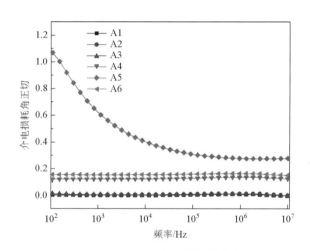

图 9.16　NH$_2$IL/RGO-MBAE 复合材料的介电损耗角正切

在 10^2～10^{7}Hz 频率范围内，同一种复合材料的介电损耗角正切随着频率的增加都有着不同程度的降低。当 NH$_2$IL/RGO 质量分数小于渗流阈值时，复合材料的介电损耗角正切都小于 0.2 且保持稳定，随频率变化幅度较小；在 NH$_2$IL/RGO 质量分数超过渗流阈值时，复合材料的介电损耗角正切迅速增大，对频率很敏感，在小于 10^{4}Hz 时随着频率增加迅速减小，超过 10^{4}Hz 时随着频率增加变化较小。

产生以上现象主要有两方面原因：一方面，GO 表面只含有少量基团，在外加电场下由 GO 表面 π 电子产生界面极化，因此介电损耗也主要是 π 电子在外加电场下产生的损耗。另一方面，根据 Maxwell-Wagner 弛豫理论，界面效应在低频率下会使材料表现出较高的介电损耗；而高频下介电损耗主要来自于复合材料取向极化，固化后材料具有很好的稳定性，不易发生取向极化，因此介电损耗较小。

第 10 章　OTAC-MMT/PES-MBAE 复合材料的微观结构及性能研究

10.1　MMT 有机化

采用蒙脱土（montmorillonite，MMT）并将其进行有机化处理，利用十八烷基三甲基氯化铵（octadecyltrimethylammonium chloride，OTAC）及聚醚胺（polyetheramine，POP）两种有机化试剂对钠基蒙脱土（Na-MMT）有机化改性，分别制得 OTAC-MMT 和 POP-MMT。

10.1.1　FT-IR 分析

为了分析研究有机改性插层效果，对 Na-MMT、OTAC-MMT 和 POP-MMT 进行 FT-IR 测试。图 10.1 是 Na-MMT、OTAC-MMT 和 POP-MMT 的 FT-IR 图。

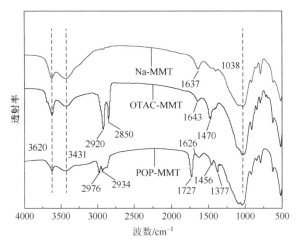

图 10.1　Na-MMT、OTAC-MMT 和 POP-MMT 的 FT-IR 图

从 Na-MMT 的 FT-IR 图中可以看出，$500\sim600cm^{-1}$ 是 Al—O 的伸缩振动峰，$1038cm^{-1}$ 是 Si—O 的伸缩振动峰，$3431cm^{-1}$ 和 $3620cm^{-1}$ 分别是结构水及自由水的 O—H 的伸缩振动峰，$1637cm^{-1}$ 是吸附水的 H—O—H 的弯曲振动峰。与 Na-MMT 的 FT-IR 图相比，OTAC-MMT 在 $2850cm^{-1}$ 和 $2920cm^{-1}$ 出现了一对新的吸收峰，

这是插层剂中烷基链—CH_2 的对称及不对称伸缩振动峰，1470cm^{-1} 是—CH_2 的 C—H 弯曲振动峰，其他特征峰则与 Na-MMT 相似，证明 Na-MMT 被成功改性[118]。由 POP-MMT 的 FT-IR 图可知，在 2976cm^1 和 2934cm^{-1} 处同样出现两个新的吸收峰，均为聚醚胺插层剂中—CH_2 的伸缩振动峰。其中，1727cm^{-1} 是 POP 中 C—O 的伸缩振动峰，1626cm^{-1} 是—NH_2 的伸缩振动峰。这说明胺基已经通过离子交换作用被质子化，POP 的烷基长链已经插入 MMT 的片层中[119]。

10.1.2　XRD 分析

图 10.2 为 Na-MMT、POP-MMT 和 OTAC-MMT 的 XRD 图谱。Na-MMT、POP-MMT 及 OTAC-MMT 的（001）面的衍射峰 2θ 分别为 6.2°、4.9°和 4.1°，根据布拉格方程 $2d\sin\theta = n\lambda$（其中 $n = 1$，$\lambda = 0.15406$nm），其层间距分别为 1.43nm、1.79nm 和 2.12nm，与 Na-MMT 相比，POP-MMT 和 OTAC-MMT 的层间距分别提高 0.36nm 和 0.69nm。由此数据可以看出，POP-MMT 和 OTAC-MMT 的层间距均比 Na-MMT 大。另外，OTAC-MMT 比 POP-MMT 的层间距增加幅度大，这主要是由于：①在 POP 改性过程中，水介质中盐酸酸化作用导致其界面张力较大，并且当 POP 过量时，会打破介质中亲水/亲油平衡，对减小界面张力具有副作用[120]；②聚醚胺大分子支链较长，空间位阻大，其分子链很难进入 MMT 片层间，只有小部分进入片层间实现对 MMT 的改性，大部分有机改性剂则附着于片层表面，因此 POP-MMT 的层间距增加幅度较小，相反，OTAC 的分子量较小且无支链，空间位阻小，与 MMT 层间粒子进行离子交换较容易，并且在层间存在多种排列方式（双层或单层）[121]，因此 OTAC 插入 MMT 更容易使其层间距增加幅度较大。这种插层效应会赋予复合材料更优异的性能。

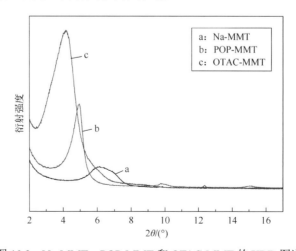

图 10.2　Na-MMT、POP-MMT 和 OTAC-MMT 的 XRD 图谱

10.1.3　SEM 分析

图 10.3 为 Na-MMT、POP-MMT 和 OTAC-MMT 的 SEM 图。从图 10.3（a）中可以看出，Na-MMT 的表面及内部含有大量的杂质，片层相互团聚在一起，单片层结构不明显，层间距相当小，这主要是因为层与层之间主要通过静电引力及范德瓦耳斯力相互连接，致使 MMT 具有较高的内聚能密度，这种片层间微妙的相互作用使得聚合物分子链很难进入 MMT 片层间且在基体中分散效果较差，而达不到对基体改性的目的，因此，对 Na-MMT 进行有机化是非常必要的。从图 10.3（b）和（c）中可以看出，经过插层剂 POP 及 OTAC 改性的 MMT，表面杂质明显减少，层间堆叠松散，片层间的距离明显增大，可以看到单片层结构，插层剂均通过离子交换进入 MMT 层间。POP-MMT 及 OTAC-MMT 的片层结构更加明显，改性效果更好。

　　(a) Na-MMT　　　　　　　　(b) POP-MMT　　　　　　　(c) OTAC-MMT

图 10.3　Na-MMT、POP-MMT 和 OTAC-MMT 的 SEM 图

10.1.4　热失重分析

图 10.4 为 Na-MMT、OTAC-MMT 及 POP-MMT 的热失重曲线。

由图 10.4 可知，Na-MMT 的热失重主要存在两个阶段：第一阶段为 25～210℃，存在明显的质量损失，这主要是因为 Na-MMT 是亲水性物质，失去的为层间物理吸附水及与 Na^+ 强烈结合的结合水，其残重率约为 91%，其中 110℃ 之前失去的是层间物理吸附水，而 110～210℃ 则失去的是结合水；第二阶段为 520～720℃，为 MMT 中铝硅酸盐高温下脱除的羟基，残重率约为 3%。

对于 POP-MMT，25～135℃ 主要是 POP-MMT 层间吸附水的分解，残重率约 2.2%；135℃ 之后，热失重曲线出现较大的变化，主要是因为吸附的及插层进入 MMT 层间的聚醚胺插层剂的长链大分子的降解，其残重率约为 26%。此后，MMT 继续缓慢地进行质量损失，这主要是由于高温下 MMT 片层的坍塌及碳化[122]。

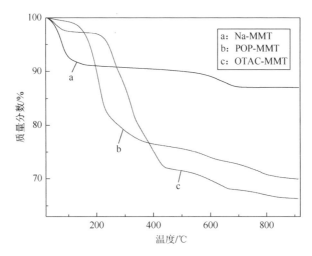

图 10.4　Na-MMT、OTAC-MMT 及 POP-MMT 的热失重曲线

对于 OTAC-MMT，25~200℃主要是 OTAC-MMT 层间吸附水的分解，残重率约3%；在200~400℃，OTAC-MMT 的热失重比 POP-MMT 的大，其残重率约为30%，这主要是因为 MMT 表面物理吸附及层间吸附的插层剂 OTAC 有机长链大分子的降解，且经过离子交换后，层间吸附 OTAC 的含量要比 POP 的含量多。

对比 POP-MMT 及 OTAC-MMT 的热失重曲线可以发现，POP-MMT 的初始分解温度为125℃；而 OTAC-MMT 的初始分解温度为200℃，比 POP-MMT 的初始分解温度提高了75℃，这是因为吸附在 POP-MMT 表面的有机化试剂对 MMT 的耐热性无明显的提高。OTAC-MMT 及 POP-MMT 在最大分解速率处的温度分别为320℃及210℃，OTAC-MMT 具有比 POP-MMT 更好的热稳定性，这主要是因为 OTAC-MMT 中 OTAC 有机分子链空间位阻小，经过离子交换作用更容易进入片层间，且层间距较大，随着温度的升高，MMT 独特的片层结构可以有效阻止材料内部热量的传递。随着层间 OTAC 不断分解，片层坍塌，导致其层间距不断减小，使得 OTAC 受到片层束缚越来越大，复合材料的热稳定性提高；而 POP 由于空间位阻较大，较难进入其片层间，层间距小，热稳定性差。

10.1.5　分散和沉降分析

Na-MMT 的粒径一般在100nm 以下，其在液相介质中的分布过程如下：①随着 MMT 粒子的润湿，液体介质充分附着于 MMT 片层表面；②MMT 粒子聚集体破碎后在液相中的分散更为均匀；③阻止已处于分散状态的 MMT 粒子再发生团聚。Na-MMT 在非水介质中分散得均匀与否，主要取决于片层间引力与斥力的相对大小[123]。纳米粒子间的引力主要为范德瓦耳斯力，斥力为静电斥力和空间位阻。

通过沉降实验便可看出其在溶剂中的分散状态，考察有机化 MMT 的改性效果，图 10.5（a）～（c）中从左至右依次是 OTAC-MMT、POP-MMT 及 Na-MMT 在液体石蜡、DMF 及水中的分散效果，分散沉降时间为 6h。从图 10.5（a）中可看出，OTAC-MMT 的透明性差，Na-MMT 的透明性最好，POP-MMT 则介于两者之间，POP-MMT 和 Na-MMT 沉降在底部，出现明显的分层现象。这是因为液体石蜡呈现非极性且无色透明，有机化后的 MMT（即 OTAC-MMT）的极性降低，液体石蜡的疏水性分子就会伸入其层间，减小 OTAC-MMT 颗粒与液体石蜡介质的极性差异，层间的范德瓦耳斯力减小；同时，液体石蜡分子吸附在 OTAC-MMT 的表面，从而形成吸附层，OTAC-MMT 与液体石蜡具有很好的相容性。而 POP-MMT 和 Na-MMT 的极性相对于 OTAC-MMT 较大，而且颗粒间的范德瓦耳斯力低于静电斥力及空间位阻，所以其与液体石蜡相容性较差。

从图 10.5（b）中可以看出，DMF 是强极性的非质子溶剂，Na-MMT 能很好地分散在 DMF 中；POP-MMT 在 DMF 中的分散性较差，沉降在底部；而 OTAC-MMT 与 DMF 几乎不相容，出现明显的分层。这主要是因为 Na-MMT 是极性的，与 DMF 的相容性较好。但 OTAC-MMT 中的 OTAC 增大了 DMF 相的表面张力，非水乳液的两相差距明显增加，体系的稳定性降低，所以呈现明显的分层现象。POP-MMT 在 DMF 中的分散也是同样的原理。

图 10.5（c）中水作为分散介质，水比 DMF 的极性弱，三种 MMT 在水中的分散效果逐渐变好。由于水分子与 Na-MMT 层间离子具有相互作用，层间范德瓦耳斯力减小，Na-MMT 在水中的分散性较好；而 OTAC-MMT 和 POP-MMT 极性减弱，与极性的水相容性较差，出现分层。分散沉降实验表明，OTAC-MMT 的有机化效果最好，其次依次是 POP-MMT 和 Na-MMT。

(a) (b) (c)

图 10.5 OTAC-MMT、POP-MMT 及 Na-MMT 在介质中的分散效果图

10.2　MMT/MBAE 和 OTAC-MMT/PES-MBAE 复合材料

10.2.1　MMT/MBAE 复合材料的微观结构及性能

1. FT-IR 分析

为了表征 MMT 是否混入 MBAE 基体中，利用 FT-IR 测试并分析 MBAE、Na-MMT/MBAE、OTAC-MMT/MBAE 及 POP-MMT/MBAE 复合材料，如图 10.6 所示。

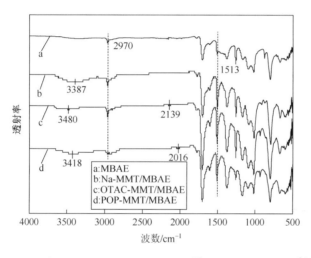

图 10.6　MBAE、Na-MMT/MBAE、OTAC-MMT/MBAE 及 POP-MMT/MBAE 复合材料的 FT-IR 图

图 10.6 中曲线 a 为 MBAE 基体的 FT-IR 图，$2970cm^{-1}$ 是 C—H 的对称伸缩振动峰，$1513cm^{-1}$ 则是酰亚胺基团的伸缩振动峰。曲线 b 为 Na-MMT/MBAE 复合材料的 FT-IR 图，$3387cm^{-1}$、$3480cm^{-1}$ 和 $3418cm^{-1}$ 是 MMT 中 O—H 的伸缩振动峰，同样在 $2970cm^{-1}$ 处存在弯曲振动峰。曲线 c 为 OTAC-MMT/MBAE 复合材料的 FT-IR 图，在 $2139cm^{-1}$ 处出现基体中 C—N 的伸缩振动峰。曲线 d 为 POP-MMT/MBAE 复合材料的 FT-IR 图，在 $2016cm^{-1}$ 处则是 POP 中—NH_2 的对称伸缩振动峰。从以上分析可知，三种 MMT 与 MBAE 基体均没有形成化学键，未发生化学反应。

2. SEM 分析

1）MBAE 基体的 SEM 分析

图 10.7 是 MBAE 基体的 SEM 图。由图 10.7 可以看出，MBAE 基体断面较为

平整光滑，断裂纹方向几乎一致且较长。这是由于 BMI 与烯丙基化合物发生交联共聚反应，相比于共聚之前，体系结构变得十分规整，当材料受到外应力发生破坏时，材料无法阻碍断裂纹的发展，只能分散局部应力，因此极易被破坏。但是从图 10.7 中还可看出，断面除了具有较为明显的断裂纹，断裂纹相间处还存在许多细小及方向不一的纹路。这是由于体系在发生固化反应时，BBA 及 BBE 两种烯丙基化合物并不是同时与 BMI 发生反应，而且其与 BMI 不可能完全均聚，BMI 也发生自身的聚合反应，多种聚合形式使得体系内部各部分状态不同，产生差异，材料的裂纹在发展时不可避免地会遇到这些差异结构，可以改变部分裂纹的发展方向，疏散和阻碍部分裂纹的发展，分散应力，而且生成的交联结构中含有柔性基团，因此 BBA 及 BBE 对 BMI 具有一定的增韧效果。

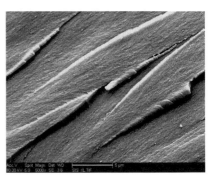

图 10.7　MBAE 基体的 SEM 图

2）Na-MMT/MBAE 复合材料的 SEM 分析

图 10.8 是 Na-MMT/MBAE 复合材料的 SEM 图。Na-MMT/MBAE 复合材料的断面纹依然呈现较直且长的形式，断裂纹清晰且方向单一，两相界面明显，Na-MMT 与 MBAE 相容性差，增韧效果不明显。这主要是因为 Na-MMT 片层间

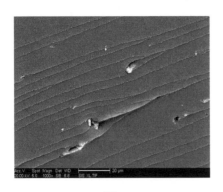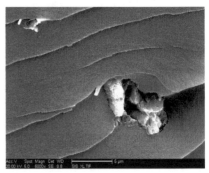

图 10.8　Na-MMT/MBAE 复合材料的 SEM 图

内聚能密度大、层间距小，不易分散、易团聚，以聚集体的形式分散在 MBAE 基体中，相界面作用较弱，材料受冲击而断裂时，断裂纹发展到相界面处，无法吸收冲击能量，引起界面破坏，团聚的 Na-MMT 起不到对裂纹的阻碍作用，吸收的冲击能量少，MBAE 中的断裂纹尖端应力场引起材料破坏[124]。

3）POP-MMT/MBAE 复合材料的 SEM 分析

图 10.9 是 POP-MMT/MBAE 复合材料的 SEM 图。

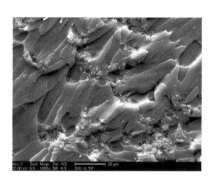

图 10.9　POP-MMT/MBAE 复合材料的 SEM 图

POP-MMT 在 MBAE 基体中分散效果比 Na-MMT 的好，断裂方向杂乱无章，有明显的鱼鳞状结构出现，两相之间相界面作用较强，虽未像 Na-MMT 在 MBAE 基体中形成较大的团聚块，两相之间也可以看出部分的有机/无机分散相。这是由于 POP-MMT 与 MBAE 基体的相容性较好，层间距有一定程度的增加，与 MBAE 基体形成一定的界面作用，在复合材料受到冲击作用而断裂的过程中，断裂纹尖端遇到黏结性较好的界面时，会被界面阻断吸收，而且当断裂纹尖端发展到 POP-MMT 时，断裂纹被阻断，在 POP-MMT 附近产生许多微裂纹，且裂纹方向改变，形成类似鱼鳞状结构。这些微裂纹能吸收一部分冲击断裂能，同时界面间存在一定的相互作用，而使复合材料的韧性得以提高，但 POP-MMT 粒子间的团聚现象仍存在，复合材料力学性能的提升幅度有限。

4）OTAC-MMT/MBAE 复合材料的 SEM 分析

图 10.10 是 OTAC-MMT/MBAE 复合材料的 SEM 图。

由图 10.10 可知，相比于 MBAE 基体及其他两种复合材料的冲击断裂形貌，OTAC-MMT/MBAE 复合材料的断面形貌变化得更显著，表面起伏更大，更粗糙，鱼鳞状结构更加明显，OTAC-MMT 分散得更均匀，界面黏结性强，相界面模糊，且并未出现明显团聚现象。其原因可能是：OTAC-MMT 层间距大，其分子链通过离子交换作用进入 MMT 层间，并以单层排列或双层排列的方式存在，并且 BBA 及 BBE 的柔性分子链可以在片层间穿插，与 BMI 反应形成交联结构。在受到外

图 10.10　OTAC-MMT/MBAE 复合材料的 SEM 图

应力的情况下，由于体系中 OTAC-MMT 与 MBAE 具有较强的界面黏结，当裂纹发展到界面时，界面首先发生形变吸收冲击能量，而且 OTAC-MMT 的片层使裂纹尖端钝化，会阻碍裂纹的发展，产生更多断裂纹路，在 OTAC-MMT 与 MBAE 基体之间的界面附近同样形成数量较多的微裂纹，材料中断裂方向不断转变，这样在体系中就形成大量凹坑，吸收大量的断裂能量，而且两相之间相容性更好，相界面模糊，与 MBAE 基体结合更加稳定，OTAC-MMT/MBAE 复合材料的韧性得到很大提升。

3. 力学性能

1）冲击强度

Na-MMT/MBAE、OTAC-MMT/MBAE 及 POP-MMT/MBAE 复合材料的冲击强度测试结果如图 10.11 所示。

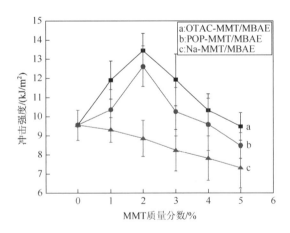

图 10.11　Na-MMT/MBAE、OTAC-MMT/MBAE 及 POP-MMT/MBAE 复合材料的冲击强度

随着 MMT 质量分数的增加，三种复合材料的冲击强度均先升高后降低。当 MMT 质量分数为 2%时，POP-MMT/MBAE 及 OTAC-MMT/MBAE 复合材料的冲击强度达到最大值，分别为 12.6kJ/m² 和 13.4kJ/m²，比 MBAE 基体提高了 31.9% 和 40.3%。这主要由于 OTAC-MMT 的层间距较大，在强烈剪切力下，烯丙基化合物会插入 MMT 层间，两相之间相互作用增强，当材料受到冲击时，激发 MBAE 引发银纹化，产生塑性变形，终止裂缝继续扩展，消耗较多的冲击能。当 OTAC-MMT 质量分数大于 2%时，会产生团聚的块状，块状 MMT 以缺陷的形式存在于 MBAE 基体中，两相界面缺陷增多，产生应力集中现象，且团聚的及尺寸较大的 MMT 无法阻碍断裂纹尖端发展，在受到冲击作用时，会使材料产生宏观开裂，导致冲击强度下降。当 POP-MMT 质量分数较小时，其可以均匀地分散在 MBAE 基体中，在材料受到外力时，可以起到分散应力、传递载荷、阻碍裂纹进一步扩展的作用，但其在 MBAE 基体中所占比例少且层间距较小，当材料受到外力时，仅有些许微裂纹被 POP-MMT 阻碍并终止其扩展，并且烯丙基化合物很难插入 POP-MMT 的片层中，因此复合材料的冲击强度提高得并不明显。而 POP-MMT 质量分数大于 2%以后，与 POP 相比，MBAE 的热膨胀系数较大，这样会导致材料在固化时两相相界面之间残余应力出现，材料极易被破坏，导致复合材料的力学性能下降。图 10.11 中 Na-MMT/MBAE 复合材料的冲击强度逐渐降低，这主要是由于 Na-MMT 发生团聚，以缺陷形式存在于 MBAE 基体中，无法吸收冲击能量。

2）抗弯强度

Na-MMT/MBAE、POP-MMT/MBAE 及 OTAC-MMT/MBAE 复合材料的抗弯强度测试结果如图 10.12 所示。

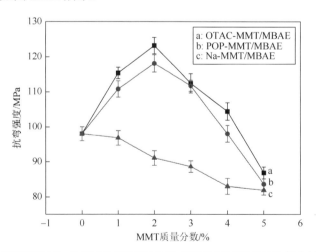

图 10.12　Na-MMT/MBAE、POP-MMT/MBAE 及 OTAC-MMT/MBAE 复合材料的抗弯强度

随着 MMT 质量分数逐渐增加，三种复合材料的抗弯强度均呈现先增大后减

小的趋势，当 MMT 质量分数为 2%时，POP-MMT/MBAE 及 OTAC-MMT/MBAE 复合材料的抗弯强度达到最大，分别为 117MPa 和 123MPa，比基体提高 19.3%和 25.5%。这是由于 MMT 片层呈纳米级，比表面积大，具有极强的活性，容易与基体发生化学和物理作用，而且表面带有活性的羟基，可以与 BBA 反应。适量的有机化 MMT 作为化学交联点均匀地分散在基体中时，与基体相互接触的面积增大，界面黏结性能增强，可提高复合材料的抗弯强度。当 MMT 质量分数超过 2%时，MMT 片层间的碰撞概率变大，易发生团聚，MMT 片层与基体的接触面积减小并且作为缺陷存在基体中，两相相互作用力变弱，过量的 MMT 与聚合物相容性差，复合材料产生一定的相分离，在材料受外力作用时，易产生应力集中效应，激发周围树脂产生微裂纹，微裂纹进一步发展变成较大裂纹，所以复合材料的抗弯强度降低。MMT 质量分数为 2%时，OTAC-MMT/MBAE 复合材料的抗弯强度高于 POP-MMT/MBAE 复合材料，这是因为 OTAC-MMT 层间距较大，烯丙基化合物更容易插入分散良好的 MMT 片层，与 BMI 反应后的交联结构与 OTAC-MMT 的界面黏结性能更强，且 OTAC-MMT 不易团聚，相互作用力更强，因此复合材料的抗弯强度大。从图 10.12 中还可看出，Na-MMT/MBAE 的抗弯强度随着 Na-MMT 质量分数的增加而逐渐降低。这是因为其与基体界面黏结性能差，当材料受到外力时，微裂纹逐渐发展成为裂纹，吸收冲击能量微乎其微。

4. 热稳定性

对 OTAC-MMT 质量分数为 1%～5%的 OTAC-MMT/MBAE 复合材料样品进行热失重分析，从而研究其热稳定性，热失重曲线三维带状图如图 10.13 所示。MBAE 基体的热分解温度为 436.38℃，当基体热失重为 50%时，热分解温度

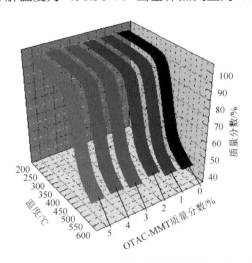

图 10.13   OTAC-MMT/MBAE 复合材料的热失重曲线三维带状图

为 532.45℃，这主要是由于 BMI 与烯丙基化合物形成交联网状结构，体系的结晶度及规整度较高，在高温条件下，需要较高的热能才能使体系发生降解、氧化及化学键的断裂，所以 MBAE 基体的耐热性较高。

随着 OTAC-MMT 质量分数的增加，OTAC-MMT/MBAE 复合材料的耐热性先增加后降低，当 OTAC-MMT 质量分数为 2% 时，OTAC-MMT/MBAE 复合材料的热分解温度为 450.79℃，热失重 50% 时的温度为 546.69℃，较 MBAE 基体分别提高了 14.41℃和 14.24℃。这可以解释为 OTAC-MMT 具有较大的层间距，OTAC-MMT 与基体具有良好的相容性，且两相结合得更加紧密，在基体中分散效果较好，当体系受到热应力时，OTAC-MMT 为硅酸盐类，其耐热性要高于基体，阻碍体系中氧气及热量的传递，避免或减小体系内部产生热集中，从而提高复合材料整体的耐热性；另外，在高温条件下，OTAC-MMT 与基体相互作用，所形成的界面可以抑制体系中大分子链的热振动，从而提高体系中分子链分解及降解所需能量，因此体系具有较高的耐热性。但是当 OTAC-MMT 过量时，OTAC-MMT 出现团聚现象，在体系中的分散性变差，形成的聚集体与 MBAE 间界面作用降低，以缺陷的形式存在，在高温负载下，由于聚集体破坏了材料原有的有序结构，不能阻隔热量及氧气的传递，体系中大分子链产生热振动，发生氧化降解，也是降低复合材料热稳定性的因素。

5. 介电性能

1）相对介电常数

为了研究 OTAC-MMT/MBAE 复合材料的介电性能，测试 OTAC-MMT 质量分数为 0%～5% 时，OTAC-MMT/MBAE 复合材料样品的相对介电常数，如图 10.14

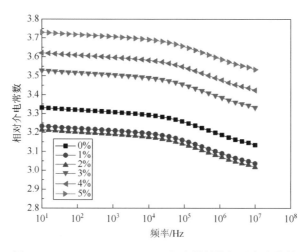

图 10.14　OTAC-MMT/MBAE 复合材料的相对介电常数

所示。从图 10.14 中可以看出，当频率小于 10^5Hz 时，复合材料的相对介电常数
下降较缓；当频率大于 10^5Hz 时，复合材料的相对介电常数有明显下降趋势。这
是因为频率较低时，在外电场中，复合材料偶极子转向与电场变化一致，转向极
化较弱，所以复合材料的相对介电常数变化不明显；但是在高频状态下，由于弛
豫现象的产生，内黏滞作用会降低偶极子转向极化，相对介电常数呈现下降趋势。

对比基体与其他复合材料的相对介电常数可以发现，当 OTAC-MMT 质量分
数为 1% 和 2% 时，OTAC-MMT/MBAE 复合材料的相对介电常数依次降低，且均
低于基体，这是因为当 OTAC-MMT 质量分数较低时，较易与基体形成纳米复合
材料，基体与 OTAC-MMT 片层产生界面吸附作用，出现界面极化，但此时复合
材料的相对介电常数并未增加反而降低，主要是由于复合材料界面限制 MBAE 大
分子链的运动及晶格的振动，而基体中不存在界面，只存在偶极子转向极化，因
此 OTAC-MMT 质量分数为 1% 和 2% 的 OTAC-MMT/MBAE 复合材料的相对介电
常数要比 MBAE 基体低。根据材料微观结构及力学性能可知，OTAC-MMT 质量
分数 2% 为 OTAC-MMT/MBAE 复合材料的最佳值，此时，OTAC-MMT 与 MBAE
基体所形成的有效界面数最多，介质内大分子链的振动被抑制得尤为显著，因此
OTAC-MMT/MBAE 复合材料的相对介电常数最低。当 OTAC-MMT 质量分数高
于 2% 时，复合材料的相对介电常数依次增加，增加幅度明显且均大于基体。这主
要是由于随着 OTAC-MMT 质量分数的增加，片层间碰撞概率增加，出现团聚现
象且团聚现象加重，相之间的界面数在介质中总体占比降低，而且呈团聚状态的
OTAC-MMT 的表面能小于未团聚的单片层表面能，对介质大分子及介质内部晶
格振动的阻碍作用随之减弱甚至消失，并且此时树脂分子的偶极子转向极化作用
及 MMT 的松弛极化作用极易建立，因此复合材料的相对介电常数随着
OTAC-MMT 质量分数的增加而显著上升。

　　2）介电损耗角正切

OTAC-MMT/MBAE 复合材料的介电损耗角正切曲线如图 10.15 所示。从图 10.15
中可以发现，OTAC-MMT/MBAE 复合材料的介电损耗角正切均随着频率的增加而增
加，并且无论基体还是复合材料中出现的损耗峰均对应同一个频率，这说明体系中
仅存在一种极化形式，即松弛极化。这主要是因为在常温较低测试电压下，虽然测
试介质中存在杂质离子和 MMT 片层中弱束缚离子，使材料的电导形式主要是离子电
导，但是这些离子在材料界面处难以积聚，所以介电损耗仍以松弛极化损耗为主。

从图 10.15 中各个样品的介电损耗角正切曲线可以看出，随着 OTAC-MMT
质量分数的增加，OTAC-MMT/MBAE 复合材料的介电损耗角正切依次减小，均
小于 MBAE 基体。这是因为当 OTAC-MMT 进入基体中时，会形成一定的复合界
面，基体与 OTAC-MMT 片层通过界面彼此相互吸附，相界面会限制基体分子链
的运动，由于在固化过程中，BBA 及 BBE 在较高的温度下也不会发生自聚反应，

而是与 BMI 发生加成及链转移反应，此时也存在 BMI 的自聚反应，生成具有较高交联密度且带有侧基或支链的大分子链，树脂分子链则被交联点限制，松弛极化过程的建立只能通过刚性分子链侧基或支链的旋转、BMI 中苯环单元的振动及主链上的未受到界面束缚的局部链段取向运动完成，因此复合材料的介电损耗角正切较低。

从图 10.15 中还可看出，OTAC-MMT/MBAE 复合材料的介电损耗角正切与OTAC-MMT 的质量分数有关，当 OTAC-MMT 质量分数为 2%时，复合材料的介电损耗角正切最低。这可以解释为此时复合材料形成的有效复合界面数最多，与基体所形成的交联点数也最多，在单位体积内能最大限度地限制材料的松弛及取向极化，只有小部分的支链和反应不完全的分子链及其链段会产生热运动，使复合材料具有最低的介电损耗角正切。

当OTAC-MMT 质量分数大于2%时，复合材料的介电损耗角正切又有所增加。这主要是因为随着 OTAC-MMT 质量分数增加，体系内部出现 OTAC-MMT 团聚现象，且团聚现象越来越严重，尺寸较大的团聚 MMT 使材料缺陷越来越多，两相间的空隙可以存储大量的电子及离子，当外电场作用时，松弛极化作用显著，但在体系内部仍存在一部分基体与 OTAC-MMT 片层所形成的界面，可以起到对介质大分子链的限制作用，因此复合材料的介电损耗角正切在有所上升的同时又低于 MBAE 基体。

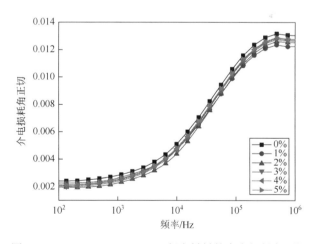

图 10.15　OTAC-MMT/MBAE 复合材料的介电损耗角正切

10.2.2　OTAC-MMT/PES-MBAE 复合材料的微观结构及性能

为了表述方便，现将 OTAC-MMT/PES-MBAE 复合材料的样品编号如下，如表 10.1 所示。

表 10.1　OTAC-MMT/PES-MBAE 复合材料的样品编号

编号	成分	质量分数/%	
		OTAC-MMT	PES
A	MBAE	0	0
A1	OTAC-MMT/MBAE	2	0
A2	PES-MBAE	0	3
B1	OTAC-MMT/PES-MBAE	2	1
B2	OTAC-MMT/PES-MBAE	2	2
B3	OTAC-MMT/PES-MBAE	2	3
B4	OTAC-MMT/PES-MBAE	2	4
B5	OTAC-MMT/PES-MBAE	2	5

1. FT-IR 分析

MBAE、PES-MBAE 和 OTAC-MMT/PES-MBAE 复合材料的 FT-IR 图如图 10.16 所示。从图 10.16 可知，曲线 a 中，$1511cm^{-1}$ 处则是 BMI 中酰亚胺基团的伸缩振动峰。曲线 b 中，$1103cm^{-1}$、$1025cm^{-1}$ 和 $669cm^{-1}$ 处则分别是—S—和芳香醚 C—O—C 的对称伸缩振动峰以及 C—S 的伸缩振动峰，并未出现新的化学键，PES 与 MBAE 基体未发生化学反应，以分散相的形式存在于 MBAE 基体中。曲线 c 中，除了具有和 PES-MBAE 相同的特征峰，在 $3039cm^{-1}$ 处则出现了 OTAC-MMT 中—NH_3^+ 中 N—H 的伸缩振动峰，但是不存在新的特征峰，证明并未发生化学反应。

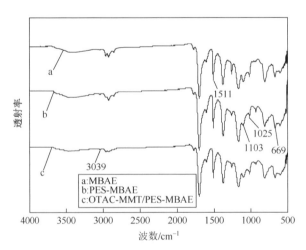

图 10.16　MBAE、PES-MBAE 和 OTAC-MMT/PES-MBAE 复合材料的 FT-IR 图

2. PES-MBAE 复合材料的 SEM 分析

图 10.17 是 PES 质量分数为 1%、3% 及 5% 的 PES-MBAE 复合材料的 SEM 图，其断面变得十分粗糙，很难看到断裂纹具体发展方向，断裂纹十分分散，向不同方向发展，呈现韧性断裂的特征。由图 10.17（a）及（b）可以看出，当 PES 质量分数为 1% 时，表面光滑且平整，裂纹发展方向几乎一致，同时存在次级裂纹，断裂纹沿断裂方向持续发展直至材料破坏，在受到外力作用时，PES 发生脱粒现象，此时可吸收一部分能量，但裂纹并未被钝化，而是继续发展，但质量分数较

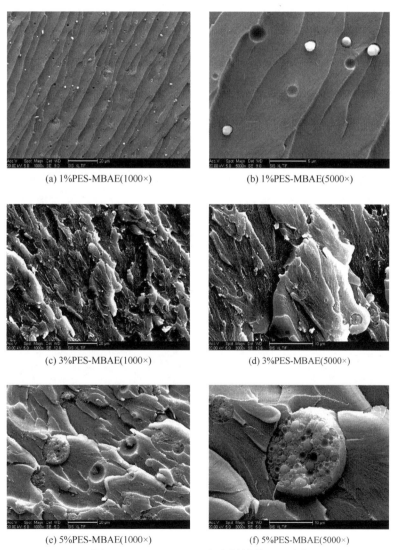

(a) 1%PES-MBAE(1000×)　　　　　　(b) 1%PES-MBAE(5000×)

(c) 3%PES-MBAE(1000×)　　　　　　(d) 3%PES-MBAE(5000×)

(e) 5%PES-MBAE(1000×)　　　　　　(f) 5%PES-MBAE(5000×)

图 10.17　PES-MBAE 复合材料的 SEM 图

小的 PES 作为增韧剂可发挥的余地较小,仍具有较大脆性。从图 10.17(c)及(d)中可知,PES 在基体中的分散有两种情况:一部分 PES 以单个颗粒状分布于基体中,另一部分 PES 以聚集体形式存在于基体中,图中所形成的蜂窝状即 PES 聚集体。这主要是因为 PES 在熔融状态下的树脂黏度较大,即使较强的机械搅拌也难以使 PES 分散均匀,而且在体系固化时,随着 BMI 与烯丙基化合物交联反应的进行,交联密度逐渐升高,且 PES 与 BMI 未发生化学反应,因此 PES 在基体中的相容性逐渐降低,由于 PES 大分子链受热发生热运动,大分子链间互相靠近、互相缠结,在最终体系固化反应完成后,以聚集态和颗粒形式分布于体系内部。这种聚集体形式使材料在受外力产生裂纹时,可以阻止裂纹的发展,当裂纹发展至 PES 聚集体内时,由于相界面数比例的增加及 PES 的高弹性,裂纹能量逐渐被吸收,裂纹尖端钝化。从图 10.17(e)及(f)中可以看出,质量分数 5%的 PES 在 MBAE 基体中的粒径尺寸及聚集体数量要多于其他两种情况。这主要是因为 PES 在基体中所占比例升高,直接导致复合材料的黏度逐渐升高,即使在强烈的机械搅拌作用下,PES 大分子链的缠结作用使其在基体中的分散程度也明显降低,交联结构及各个分子链之间相互影响,PES 在体系中的热运动受到限制,MBAE 大分子链会在 PES 颗粒间交联固化,使得热运动受限和大分子链相互靠近的 PES 颗粒难以分离,因此就会形成较大尺寸的聚集体。PES 质量分数越大,表明可聚集的 PES 就越多,形成的聚集体的数量也越多;而且随着 PES 质量分数的增大,有利于 PES 出现多次聚集,在相分离时,两个聚集体之间会相互靠近,发生二次甚至多次的聚集过程,与 MBAE 基体的界面作用减弱,无法达到增韧目的。

3. OTAC-MMT/PES-MBAE 复合材料的 SEM 分析

图 10.18 是 OTAC-MMT/PES-MBAE 复合材料的 SEM 图,图中 OTAC-MMT 及 PES 质量分数分别为 2%和 3%。

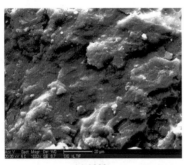 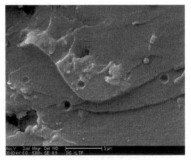

(a) 1000×　　　　　　　　(b) 5000×

图 10.18　OTAC-MMT/PES-MBAE 复合材料的 SEM 图

由图 10.18 可知,OTAC-MMT/PES-MBAE 复合材料的表面变得更加粗糙,断裂方向不一,断裂纹杂乱无章,并且可见在受到外力作用时 PES 颗粒脱出所留下的孔洞,有机化 MMT 与基体的相界面较为模糊,两相相互作用较强,未出现明显的团聚现象,而 PES 与基体仍呈现两相结构。这主要是因为经过离子交换法制备的 OTAC-MMT 层间距大,在强烈的机械搅拌及剪切力作用下,烯丙基化合物的柔性链可以穿插进入片层间,并进一步与 MBAE 基体发生交联固化反应,插层进入基体中,与基体结合得更加紧密。当复合材料受到外应力时,分散的 OTAC-MMT 片层有效地使裂纹尖端钝化,裂纹断裂能量被吸收,发展趋势减弱,在诱发 OTAC-MMT 周围银纹化的同时裂纹向多方向发展,而且两相之间的相容性更好,与基体结合相界面模糊,两相结合更加稳定。PES 加入基体中仍以两相形式分散,由于 OTAC-MMT 的存在,在体系熔融状态下,PES 受到其片层的剪切作用,具有更大的比表面积,与基体相互作用的有效界面更多,并且其可以阻止大部分 PES 颗粒在热运动的状态下聚集在一起,形成较大的聚集体,小部分 PES 会形成聚集体,呈现蜂窝状结构,从而起到吸收能量、分散应力的作用,PES 分散效果更好,而且 OTAC-MMT 的片层状结构可以有效阻止 PES 颗粒在受到外力时发生脱粒现象,复合材料的韧性得到很大提升。

4. 力学性能

1) 冲击强度

图 10.19 为 PES-MBAE 和 OTAC-MMT/PES-MBAE 复合材料的冲击强度测试结果。

从图 10.19 中可以看出,随着 PES 质量分数的增加,复合材料的冲击强度出现先上升后下降的趋势,PES 质量分数为 3% 时的 PES-MBAE 复合材料的冲击强度最大,达到了 $13.55kJ/m^2$,较未改性的 MBAE 基体($9.55kJ/m^2$)提高了 $4.00kJ/m^2$,提升幅度高达 41.88%,增韧效果十分显著。这是因为 PES 在基体中以小尺寸的聚集体及颗粒状态存在,当复合材料受到冲击应力时,两相界面就会吸收大量的冲击能,断裂纹被终止,复合材料的冲击强度提高。当 PES 质量分数较小时,PES 在基体中所形成的聚集体较少,在基体中的分散效果好,与基体的界面黏结性能较好,可以起到增韧的作用,当 PES 质量分数超过 3% 时,复合材料的黏度变大,各部分结构不一,并且 PES 以较大的聚集体存在,界面黏结作用大幅度降低,PES 极易发生脱粒现象,无法阻碍微裂纹的发展,复合材料的韧性无法提高。

从图 10.19 中还可看出,OTAC-MMT/PES-MBAE 复合材料的冲击强度均高于 PES-MBAE 复合材料,且当 PES 质量分数为 3% 时,复合材料的冲击强度最大,为 $15.88kJ/m^2$,较 OTAC-MMT/MBAE 复合材料的冲击强度($13.55kJ/m^2$)提高了 17.20%。PES 质量分数为 0%~3% 时,OTAC-MMT/PES-MBAE 复合材料的冲击强度逐渐增加，由于 PES 质量分数的增加，复合材料的黏度逐渐增大，体系中大分子链的运动有利于 OTAC-MMT 片层的剥离，OTAC-MMT 的比表面积也随之增大，与 MBAE 基体的有效界面数增多，而且 OTAC-MMT 独特的片层结构可以对 PES 颗粒产生剪切作用，PES 的比表面积也随之增大，小尺寸的 PES 聚集体内部也存在一些剥离的 OTAC-MMT，当材料受到外力时，OTAC-MMT 与 MBAE 基体存在较强的结合作用，界面效应显著，断裂冲击能量可以被界面吸收，且此时发展到 PES 聚集体内部的断裂纹除了受到 PES 颗粒的缓冲及吸收，OTAC-MMT 的片层也会阻止裂纹发展，使裂纹尖端钝化，无法继续发展，复合材料的冲击强度较大。当 PES 质量分数大于3%时，复合材料的黏度过大，OTAC-MMT 的片层更易相互碰撞，形成聚集体，与 MBAE 基体的界面数减小，而且 PES 大分子链运动缓慢，较易形成尺寸较大的 PES 聚集体，在体系中存在更多的缺陷，在材料受力时，较弱的界面黏结无法改变裂纹发展方向或阻碍裂纹的发展，体系极易被破坏，复合材料的冲击强度降低。

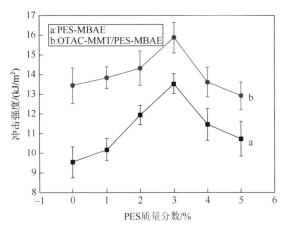

图 10.19　PES-MBAE 和 OTAC-MMT/PES-MBAE 复合材料的冲击强度

2）抗弯强度

图 10.20 是 PES-MBAE 和 OTAC-MMT/PES-MBAE 复合材料的抗弯强度曲线，图中 OTAC 的质量分数固定为2%。

在 OTAC-MMT/MBAE 体系中加入 PES 可大幅度提高复合材料的抗弯强度，其抗弯强度随着 PES 质量分数的增加先升高后降低。这是因为 PES 颗粒所形成的聚集体具有很强的抗变形能力，当材料受到外应力时，PES 聚集体可以诱发产生剪切带，这时会吸收大量的能量，控制并延缓裂纹的发展，从而使裂纹终止，使其不会发展成为具有破坏性的裂纹。此外，随着 PES 质量分数的增加，PES 除受机械剪切力作用外，OTAC-MMT 片层也对 PES 具有剪切作用，两相相界面增多，

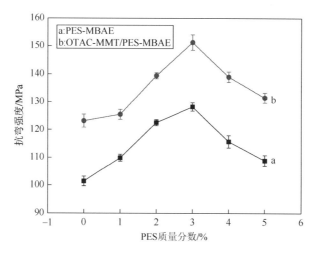

图 10.20　PES-MBAE 和 OTAC-MMT/PES-MBAE 复合材料的抗弯强度

PES 与基体相互作用也明显增强,断裂纹在发展过程中受到阻碍而终止或改变发展方向,当 PES 颗粒受到冲击而发生脱粒现象时,与 MBAE 黏结较强的 OTAC-MMT 片层也会阻止 PES 颗粒的脱出,因而可以进一步吸收断裂能。当 PES 质量分数为 4%和 5%时,复合材料的抗弯强度下降。这主要是因为:第一,在熔融状态下,由于 PES 质量分数增加,复合材料的黏度增加,长链的 PES 大分子难以运动,导致 PES 在基体中的聚集体的粒径明显增大,破坏了体系结构,与基体之间的黏结性能降低,诱发复合材料的裂纹发展,导致材料宏观开裂,大量的 PES 自聚成蜂窝状结构并分散在基体中,两相界面存在分离现象,受外力时,吸收能量较少,材料局部受到的剪切屈服较弱;第二,尺寸较大的 PES 聚集体作为杂质出现在复合材料中,体系中缺陷增多,并随着 PES 质量分数的增加,更易形成尺寸较大的聚集体,材料受外应力作用极易被破坏。因此当 PES 质量分数为 3%时,复合材料的抗弯强度达到最大值,为 151.27MPa,较未改性 MBAE 基体提高了 54.0%。

5. 热稳定性

为了研究 PES 引起的 MABE 基体耐热性变化以及 OTAC-MMT 和 PES 的相互作用,将 MBAE、OTAC-MMT/MBAE、PES-MBAE 和 OTAC-MMT/PES-MBAE 复合材料的热稳定性数据进行对比,结果如图 10.21 所示。

样品 A1 为 OTAC-MMT/MBAE 复合材料的热失重曲线,其热分解温度为 452.8℃,较基体的热分解温度(436.4℃)高 16.4℃,当残重率为 80%时,热分解温度为 478.2℃。对比体系的各热分解温度,OTAC-MMT/MBAE 复合材料的耐热性要高于 MBAE 基体。根据微观结构的分析可知,OTAC-MMT 与基体

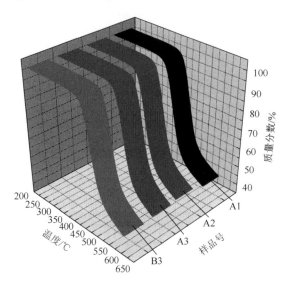

图 10.21　MBAE、OTAC-MMT/MBAE、PES-MBAE 和 OTAC-MMT/PES-MBAE 复合材料的热失重曲线三维带状图

之间相互作用较强，界面黏结性能更好。当材料受热发生一系列化学变化时，首先是基体发生化学键的断裂，生成小分子化合物，然后才是 MMT 的碳化及层间坍塌，这一过程中基体大分子链也会受到 OTAC-MMT 的制约，且本身 OTAC-MMT 属于层状硅酸盐，具有很高的耐热性，对复合材料的耐热性有增益的效果。

样品 A2 为 PES-MBAE 复合材料的热失重曲线，其热分解温度为 429.5℃，较基体的热分解温度下降 6.9℃，残重率为 50%时的热分解温度较基体下降 20.0℃，600℃的残重率由 40.6%降低到 38.2%。PES 作为热塑性树脂添加到 MBAE 基体中，有利于复合材料力学性能的提升，但是其耐热性较低。这主要是因为分子链上具有大量柔性基团的 PES 在基体中以两相结构存在，体系中所存在的界面较多，破坏了原有基体的有序结构，导致基体结晶度降低，因此 PES-MBAE 复合材料的耐热性较差。

样品 B3 为 OTAC-MMT/PES-MBAE 复合材料的热失重曲线，其热分解温度为 434.4℃，相比于基体的热分解温度降低 2.0℃，相比于 PES-MBAE 复合材料的热分解温度升高 4.9℃。这主要是因为体系中加入热塑性树脂 PES，其热分解温度较低，虽与 MBAE 基体有较强的相互作用，但仍然不能有效阻止体系内部热量的传递，使得体系发生降解。但是由于 OTAC-MMT 与基体之间有较强的界面黏结性能，界面破坏需要更多的能量，复合材料的热分解温度提高。

另外，在体系中混入 PES 颗粒制备的 OTAC-MMT/PES-MBAE 复合材料，与 MBAE 基体相比，其耐热性有小幅度下降，但介于 OTAC-MBAE 及 PES-MBAE 复合材料的耐热性之间。当 OTAC-MMT 质量分数为 3%时，OTAC-MMT/PES-MBAE

复合材料的热分解温度为 434.4℃，热失重 50%的热分解温度为 529.5℃。这主要是由于 PES 与 OTAC-MMT 的相互作用使复合材料的耐热性增加，可以解释为 OTAC-MMT 使得 PES 在体系中的聚集态发生变化，在熔融状态下，OTAC-MMT 的片层结构可以有效抑制 PES 颗粒产生较大尺寸的聚集体，使 PES 分散效果更好，与基体的结合性更好，界面黏结性更强，在复合材料固化成型后，PES 聚集体内部会分散 OTAC-MMT，在高温条件下，首先是 PES 颗粒先于基体发生热分解，留下的孔洞即其与基体的界面区域受热发生的形变，此时 OTAC-MMT 的片层结构可以有效阻止体系中氧气和热量的传导，缓解 PES 受热发生化学键的断裂及降低其分解速率，而且 OTAC-MMT 的抑制作用及其本身对基体耐热性的提高均能有效地提高复合材料的耐热性。因此，OTAC-MMT/PES-MBAE 复合材料的耐热性只有小幅度下降。

6. 介电性能

1）相对介电常数

将 MBAE 基体、OTAC-MMT/MBAE 复合材料、PES-MBAE 复合材料及 OTAC-MMT/PES-MBAE 复合材料进行介电性能分析与对比，研究不同组分介电性能变化以及组分间的相互作用。OTAC-MMT/PES-MBAE 复合材料的相对介电常数随频率变化的曲线如图 10.22 所示。

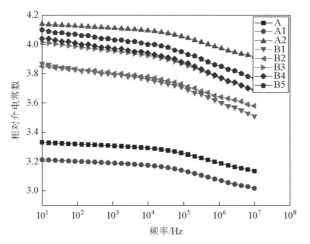

图 10.22　OTAC-MMT/PES-MBAE 复合材料的相对介电常数

从图 10.22 中可以看出，在室温条件下，各样品相对介电常数随频率上升而下降。当频率小于 10^5Hz 时，样品的相对介电常数下降缓慢，介质中偶极子的转向极化作用较弱；在高频区，材料较高的交联密度使得偶极子产生内黏滞作用，跟不上交变电场的变化，致使样品的相对介电常数降低。

样品 A1 是 OTAC-MMT 质量分数为 2%的 OTAC-MMT/MBAE 复合材料。样品 A1 的相对介电常数低于基体，两相之间相互浸润，产生界面吸附作用并存在界面极化，但此时样品并未由于界面极化而出现相对介电常数的上升，反而出现相对介电常数的下降。这是因为 OTAC-MMT 与基体形成纳米复合材料，形成的复合界面限制基体大分子链的运动及晶格的振动，基体偶极子转向极化作用减弱，当 OTAC-MMT 质量分数为 2%时，其与基体相互作用的有效界面数增多，抑制现象更为明显，复合材料的相对介电常数最低。

样品 A2 是 PES 质量分数为 3%的 PES-MBAE 复合材料。PES-MBAE 复合材料的相对介电常数高于其他样品，这是由于当 MBAE 体系混入 PES 后，并未发生化学反应，与 MBAE 之间存在大量的界面，可以吸附大量电荷，介质中的电子或离子积聚在界面处并且引发界面极化，PES 与 MBAE 是以两相形式存在的，对大分子链的束缚作用较小，偶极子转向极化极易建立。此外，PES 极性基团密度是复合材料的相对介电常数的重要影响因素。

从图 10.22 中还可看出，OTAC-MMT/PES-MBAE 复合材料的相对介电常数均高于 MBAE 基体，却比 PES-MBAE 复合材料低，PES 质量分数越大，相对介电常数越大。首先解释 OTAC-MMT/PES-MBAE 复合材料相对介电常数低于 PES-MBAE 复合材料的原因。由于 OTAC-MMT 和基体之间形成纳米复合材料，基体与 MMT 之间通过静电力彼此吸附，从某种程度上来说，提高了树脂大分子链段在 MMT 片层表面排列的有序性，此时松弛极化有限制作用。当加入 PES 后，其极性基团极有可能被相互缠结、各部分彼此交联的分子链包覆，介质中所含有的苯环及 PES 中砜基产生的共轭效应或空间位阻效应使介质极性降低。随着 PES 质量分数的增加，复合材料的相对介电常数增大。这是因为：第一，PES 大分子链中含有极性基团；第二，PES 过量时，体系黏度增加明显，PES 颗粒分散性减弱，容易团聚形成大颗粒，此时形成复合界面数减少，松弛极化增加，所以复合材料的相对介电常数升高。

2）介电损耗角正切

OTAC-MMT/PES-MBAE 复合材料的介电损耗角正切随频率变化的曲线如图 10.23 所示。样品的介电损耗角正切随着频率的增加而增大。这是因为随着频率的增加，复合材料内部的偶极子需克服由内黏滞作用产生的摩擦，因此复合材料的介电损耗角正切增加。OTAC-MMT/PES-MBAE 复合材料的介电损耗角正切要低于基体。这是由于 OTAC-MMT 具有巨大的表面，与 MBAE 基体分子形成复合界面，松弛极化作用减弱，极化强度下降，所以其介电损耗角正切小于基体。

当 OTAC-MMT/MBAE 体系中引入 PES 之后，OTAC-MMT/PES-MBAE 复合材料的介电损耗角正切明显增大，均高于 OTAC-MMT/MBAE 复合材料。这是由于 PES 与基体之间有强烈的相互作用，形成较强的界面相互作用，并且在机械力及经过 OTAC-MMT 片层时所受到的剪切力的作用下，PES 分散得更加均匀，单位体积内所产生的界面更多，载流子运动时，会产生摩擦阻抗，因此出现电导损耗的增加，此外体系中极性基团使得松弛损耗增加。由图 10.23 还可发现，当 PES 质量分数为 1%～3%时，复合材料的介电损耗角正切逐渐减小；而 PES 质量分数为 4%～5%时，复合材料的介电损耗角正切又有所增加。这主要是因为在复合材料中，PES、OTAC-MMT 与 MBAE 基体三相之间出现界面吸附层后，OTAC-MMT 中离子弹性位移极化很可能被静电引力所限制而难以建立，不但对 PES 与 MBAE 基体中偶极子转向有抑制作用，而且 OTAC-MMT 晶格产生的热离子极化作用受到影响。随着 PES 质量分数的增加，有效的复合界面增加，限制作用更明显，使复合材料的介电损耗角正切降低。当 PES 质量分数为 4%～5%时，PES 出现团聚，形成大尺寸颗粒，界面减少，界面结构所占比例降低，PES 分子松弛极化建立，所以复合材料的介电损耗角正切增加[125]。

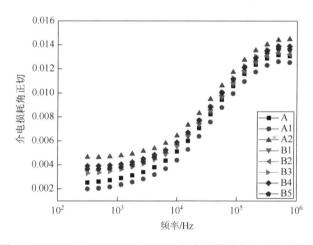

图 10.23　OTAC-MMT/PES-MBAE 复合材料的介电损耗角正切

第11章 GO/SPEEK/MBAE复合材料的微观结构及性能研究

11.1 SPEEK/MBAE 复合材料

11.1.1 PEEK 磺化改性

1. FT-IR 分析

通过 FT-IR 可以表征聚醚醚酮（polyetheretherketone，PEEK）磺化改性前后的红外特征峰变化，分析 PEEK 磺化改性效果，以及是否引入磺酸基团。PEEK磺化改性前后的 FT-IR 图如图 11.1 所示。

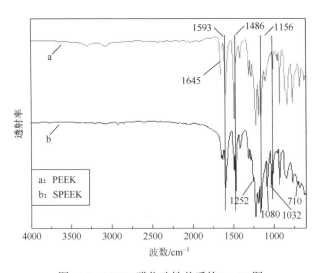

图 11.1 PEEK 磺化改性前后的 FT-IR 图

从 PEEK 的 FT-IR 图中可以看出，1593cm^{-1} 和 1486cm^{-1} 处出现苯环的伸缩振动峰，1156cm^{-1} 处为 Ar—H 的摇摆振动带，1645cm^{-1} 附近为羰基的伸缩振动峰，900～680cm^{-1} 内的谱峰大多源于与 Ar 键合连接的相关结构平面弯曲振动[126]。

磺化聚醚醚酮（SPEEK）的 FT-IR 图中，1080cm^{-1} 处和 1252cm^{-1} 处分别对应

磺酸基团 O ═ S ═ O 的对称和不对称伸缩振动峰，1032cm⁻¹ 附近归因于硫氧双键 S ═ O 的伸缩振动峰[127]。PEEK 主链上羰基的吸电子作用，使连接的磺酸基团电子云密度降低，可能会引起 S ═ O 特征峰向高频或低频移动，SPEEK 的磺化效果对于峰强度和谱带位置均产生一定程度的影响。710cm⁻¹ 处是 S—O—C 的对称伸缩振动峰，SPEEK 中出现了磺酸基团特征峰，且与 PEEK 相关的基本特征峰未发生较大的偏移，在没有破坏 PEEK 的基本聚合物结构的情况下，成功引入磺酸基团，有一定的改性效果。

2. SEM 及能谱分析

PEEK 磺化改性前后的 SEM 图及其整个面内区域的能谱图如图 11.2 所示，SEM 表征其微观结构的变化，能谱定性分析磺化效果。PEEK 作为一种半结晶性热塑性聚合物，由结晶区域和无定形区域组成，SEM 图显示出其结构中含有尺寸 5μm 左右不规则的孔洞，然而孔洞周围的 PEEK 结构非常紧密，基本没有发现小尺寸间隙。SPEEK 则较为松散，呈现出类似于珊瑚状结构，其中含有大量间隙，

(a) PEEK的SEM图(10000×)

(b) SPEEK的SEM图(10000×)

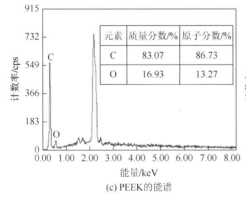

元素	质量分数/%	原子分数/%
C	83.07	86.73
O	16.93	13.27

(c) PEEK的能谱

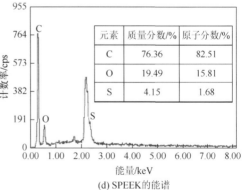

元素	质量分数/%	原子分数/%
C	76.36	82.51
O	19.49	15.81
S	4.15	1.68

(d) SPEEK的能谱

图 11.2　PEEK 磺化改性前后的 SEM 图及能谱图

表面存在细小的纹路。这种磺化改性方法导致 PEEK 表面更为粗糙，官能团含量的增加也在一定程度上提升了表面自由能的极性成分，更易于与 BMI 基体紧密结合。

PEEK 的能谱没有检测到硫元素，碳氧原子分数比约为 19.6∶3，符合 PEEK 理论分子式中的碳氧比。SPEEK 的能谱中硫原子分数为 1.68%，根据分子结构和碳氧硫比计算得到磺化度为 41.67%。

PEEK 制备 TEM 表征试样存在一定困难。SPEEK 的 TEM 图如图 11.3 所示，整体结构并不是非常紧密，小尺寸空隙不规则排布，边缘结构也比较模糊，这种排列松散的多孔结构与 SEM 图相对应，为后续制备 SPEEK 改性 BMI 基复合材料提供基础。

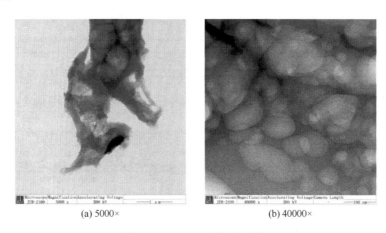

(a) 5000×   (b) 40000×

图 11.3　SPEEK 的 TEM 图

SPEEK 分子结构模型示意图如图 11.4 所示。

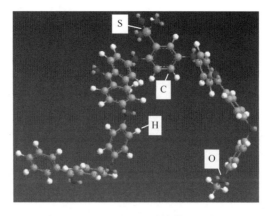

图 11.4　SPEEK 分子结构模型示意图

将 SPEEK 在 100mL 摩尔浓度为 1mol/L 的 NaCl 溶液中平衡 24h，以 H^+ 交换代替 Na^+，酚酞作为指示剂，通过用 0.01mol/L 的 NaOH 溶液滴定来测定从 SPEEK 中释放的 H^+ 的量，计算得到 SPEEK 的磺化度为 40.39%，与能谱得出的结果相差较小。PEEK 的磺化属于亲电取代反应，羰基具有强吸电子作用，使得邻近的苯环电子云密度降低，是亲电反应的钝化基团，磺酸基团通常取代在两个醚键间电子云密度较高的苯环上，由此绘出 SPEEK 分子结构模型示意图。

11.1.2　SEM 分析

MBAE 基体和掺杂 SPEEK 的 SPEEK/MBAE 复合材料的断面 SEM 图如图 11.5 所示。从图 11.5（a）中可以看出，仅采用 BBA 和 BBE 这两种烯丙基化合物改性的 BMI 没有发生相分离，BBA 和 BBE 与 BMI 相容，属于内增韧方式分子结构层面改性 BMI，基体断面光滑平整，断裂纹疏松，裂纹呈直线且基本朝向同一个方向，没有出现明显的应力分散现象，裂纹扩展较为顺畅，断面平整光滑，没有起伏，这种结构不利于吸收能量，外界能量在传播所产生裂纹时，裂纹因 MBAE 内部交联网络的阻碍逐渐变细而消失，因此被破坏的样品基本呈现脆性断裂。

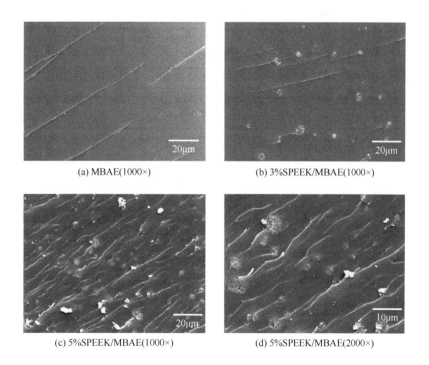

(a) MBAE(1000×)　　　　　　　　(b) 3%SPEEK/MBAE(1000×)

(c) 5%SPEEK/MBAE(1000×)　　　　　　　(d) 5%SPEEK/MBAE(2000×)

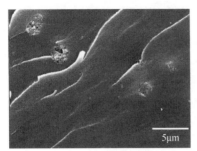
(e) 5%SPEEK/MBAE(5000×)

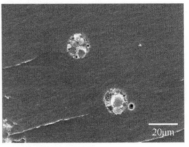
(f) 7%SPEEK/MBAE(1000×)

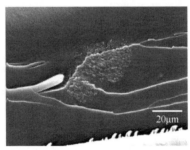
(g) 9%SPEEK/MBAE(1000×)

图 11.5　SPEEK/MBAE 复合材料的 SEM 图

当裂纹在材料内传播时，SPEEK/MBAE 复合材料和基体明显不同。而加入少量热塑性颗粒后，冲击微裂纹无规则扩展，呈现出较多分支结构，断面形貌比较复杂，形成较多断面，且呈高低不平的阶梯状结构，裂纹不再有序，断面粗糙，这是由于热塑性颗粒以纳米粒径均匀分散在基体中作为应力集中源，引发周围基体屈服，吸收大量能量，终止了裂纹的破坏性扩展，使基体的韧性得到大幅提升[128]。同时当受到外力作用时，热塑性颗粒从界面上脱黏，形成孔洞化损伤，从而释放裂纹尖端前沿区域的三维张力，解除了平面约束，增加其与基体间的相容性和相互作用，使其在基体中达到小尺度的分散，使基体产生剪切屈服变形，吸收能量得以增韧。当 SPEEK 质量分数增大时，热塑性相的作用逐渐明显，热塑性相 SPEEK 以小尺寸分散于热固性相中。发生损伤时，既有热塑性相的塑性断裂和变形，又有 BMI 颗粒的断裂，这有利于吸收更多的外界断裂能量，阻碍微裂纹的扩展[129]。

从图 11.5（f）和（g）中可以看出，当 SPEEK 过量时，SPEEK 颗粒的粒径大幅增加，导致 BMI 相结构表面的热塑性相的厚度减小，热塑性相与热固性相界面结合力较差，使裂纹沿着界面处扩展，基体相断裂。由于热塑性相断裂所吸收的能量远远低于形成三维网络的 BMI 颗粒结构，复合材料的冲击韧性大幅下降。少量热塑性颗粒增韧吸收的能量要远高于基体相结构断裂吸收的能量，故当 SPEEK 适量时提升基体韧性的程度较大。

11.1.3　热失重分析

SPEEK/MBAE 复合材料的热失重曲线如图 11.6 所示。未添加 SPEEK 的 MBAE 基体的热分解温度为 441℃，200～420℃质量损失非常少，热失重不足 5%，主要归因于水分的释放、树脂未有效聚合组分的损失和未反应挥发性分子组分的挥发。在 425～600℃，MBAE 基体发生了较为明显的热失重，这是由聚合物芳香环结构主链的分解造成的，聚合物在氮气氛围下出现了明显的热分解现象，材料耐热性出现一定程度上的急剧退化。在一定的 SPEEK 质量分数范围内，SPEEK/MBAE 复合材料的热分解温度随着 SPEEK 质量分数的增加而逐渐增加，当 SPEEK 质量分数为 5%时，复合材料的热分解温度达到最大值，为 456℃。

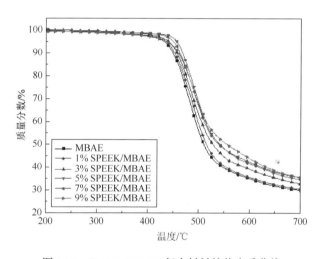

图 11.6　SPEEK/MBAE 复合材料的热失重曲线

MBAE 基体中的 SPEEK 质量分数及其相互作用有助于延迟 BMI 基复合材料的热分解，SPEEK 本身具有良好的热稳定性，同时极性侧基可与 BMI 间形成分子间作用力或进入 BMI 固化网络中，形成良好的固化交联网络，使得改性后的 MBAE 热稳定性提高。SPEEK 一方面可以作为异相成核剂，加速成核过程；另一方面则会阻碍聚合物分子链运动，减缓晶体生长过程[130]。磺酸基团相当于一个大体积的侧基，其与基体间强烈的相互作用会阻碍聚合物链段的运动，半结晶性的 SPEEK 也会使交联结构更加规整，对于限制分子链段的滑移和热振动有一定贡献。SPEEK/MBAE 复合材料中热塑性树脂与 BMI 间形成分子间作用力或进入 BMI 固化网络中，形成固化交联网络，但随着温度的提高，热塑性树脂良好的热稳定性在后期得以明显体现，残重率很高。

SPEEK 过量时，两相间的界面沟壑和脱附增加了界面热阻，不利于热量的传递和均匀分散，并且在热作用下的膨胀使间隙扩大，进而导致界面受到膨胀力，使得改性树脂交联结构不均匀，全部集中在热阻较大的相界面边缘处，便出现了复合材料在较低温度的分解。

11.1.4　力学性能

1. 抗弯强度

SPEEK/MBAE 复合材料的抗弯强度和弯曲模量如图 11.7 所示，反映材料的抵抗弯曲能力，可以用来衡量 SPEEK 改性树脂基材料在弹性极限内抵抗弯曲变形的能力。未添加 SPEEK 的 MBAE 基体的抗弯强度为 98.9MPa，弯曲模量为 2.9GPa；随着 SPEEK 质量分数的增加，SPEEK/MBAE 复合材料显示出在特定质量分数 SPEEK 下连续增强的抗弯强度和弯曲模量，其质量分数为 5%时达到峰值，分别为 147.9MPa 和 4.2GPa，提升了 49.5%和 44.8%。SPEEK 内部具有大量小尺寸孔穴结构，在受到上表面压力、下表面拉力的弯曲力时能够产生更大的变形，弯曲应变有所增加，弯曲模量也出现一定变化。SPEEK 自身的韧性和强度也具有相当大的影响，SPEEK 结构上带有极性基团，改善了与基体间的界面作用力以及在基体中的分散程度，从而使改性树脂的抗弯强度有明显的改善[131, 132]。

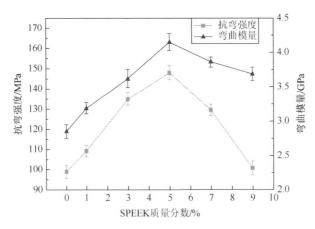

图 11.7　SPEEK/MBAE 复合材料的抗弯强度和弯曲模量

PEEK 经过磺化修饰后带有磺酸基团，分子结构使其更具极性，以便更好地与烯丙基化合物和 BMI 发生反应，两相间相互作用，可以使基体与 SPEEK 之间具有较好的界面键合和黏附性。分子链活动性较差，自身扩散速度较小，在固化时易于被包埋在交联网络中，因此从动力学角度而言，相分离需要足够长的时间才能完成，最终导致的结果是体系没有分相或只有细微的相分离结构。一定量的 SPEEK 加入 BMI 中可以诱发基体屈服变形，未形成网络结构的链段和端基产生局部增塑作用，诱发塑性变形，吸收能量，微裂纹的扩展便会停止，材料的抗弯强度得到显著改善。

2. 冲击强度

SPEEK/MBAE 复合材料的冲击强度如图 11.8 所示，用来评价材料的抗冲击能力。随着 SPEEK 质量分数的增加，SPEEK/MBAE 复合材料的冲击强度呈现先逐渐增加后显著降低的趋势，最大值为 $15.7kJ/mm^2$，与 MBAE 基体（$9.5kJ/mm^2$）相比提升了 65.3%。与弯曲力相比，冲击力的作用更加迅速，材料受力时间较短，SPEEK 质量分数为 5% 的复合材料能够吸收更高的冲击能量。引入磺酸基团，一方面使得分子链间距离增大，降低分子链的密度，减小分子间作用力，因而分子的柔顺性较好，韧性增加；另一方面，在固化过程中，这些极性基团可能进入 MBAE 的交联网络中，在一定程度上起到了网络结点的作用，在材料受到冲击能量的时候，可以起到应力分散和承受应力的作用，增加了材料的断裂能，提高冲击强度。

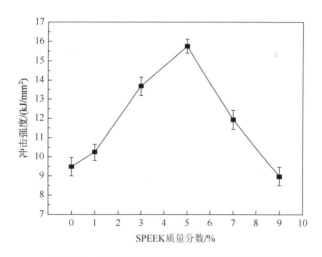

图 11.8　SPEEK/MBAE 复合材料的冲击强度

然而当 SPEEK 过量时，界面的载荷传递能力受到损害，断裂机制的改善效果与 SPEEK 的分散形态直接相关。这可能是由于 SPEEK 质量分数较小时，体系的裂纹钉锚作用大于与 MBAE 基体良好的界面结合力。当 SPEEK 质量分数大于 5% 时，冲击强度下降。这主要是因为随着 SPEEK 质量分数的增加，SPEEK 在 BMI 基体中稳定性变差，对抗弯强度和冲击强度都会有负面影响。

11.1.5 介电性能

1. 相对介电常数

不同 SPEEK 质量分数的 SPEEK/MBAE 复合材料的相对介电常数随频率的变化如图 11.9 所示。

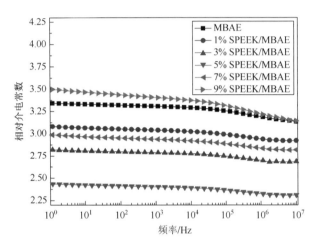

图 11.9　SPEEK/MBAE 复合材料的相对介电常数

与较高频率（10^4Hz）相比，在低频处 SPEEK/MBAE 复合材料的相对介电常数略高，受频率影响较小。相对介电常数主要受到以下两个因素的影响：第一，复合材料中纳米颗粒和基体各自的介电性能；第二，基体内部偶极子的数量和复合材料本身的极化能力。当在较低频率时，偶极子变动可以跟上电场的变化，复合材料的相对介电常数较大；随着电场频率的升高，偶极子取向极化来不及建立，复合材料的相对介电常数下降。SPEEK 的引入可能进一步阻碍了偶极子取向，使得树脂分子链段转向极化受到阻碍，也导致复合材料的相对介电常数下降。SPEEK 质量分数越大，对复合材料相对介电常数的影响越大。因为随着 SPEEK 质量分数增加，界面效应增强，阻碍作用更明显，相对介电常数下降更明显[133]。向聚合物中引入 SPEEK 或磺酸侧基，可以增加聚合物的自由体积，降低其极化率，因此均可以降低相对介电常数。由图 11.9 可以明显看出，引入的 SPEEK 可以更加有效地降低材料的相对介电常数，这可能是由于 SPEEK 具有多孔结构，具有更低的极化率，并且能够更加有效增大聚合物的自由体积，与基体间具有很好的相容性和相互作用，因此能够更加有效地发挥小尺寸粒子的介电限域效应，使得材料表现出更低的相对介电常数。当 SPEEK 质量分数为 5% 时，复合材料的相对介电常数最低。

当 SPEEK 过量时，SPEEK 聚集导致内部孔隙数量增多，SPEEK 聚集体与 MBAE 之间的相容性大幅降低，界面明显，界面性能严重降低，类似于基体内缺陷与基体之间的界面，即聚集体在材料内部结构中等同于缺陷，使得界面极化加剧，导致 SPEEK 质量分数超过 5% 的 SPEEK/MBAE 复合材料的相对介电常数有所上升。

2. 介电损耗角正切

SPEEK/MBAE 复合材料的介电损耗角正切随频率变化的曲线如图 11.10 所示。当 MBAE 基体中引入 SPEEK 后，SPEEK/MBAE 复合材料在低频区（$10^2 \sim 10^3$Hz）的介电损耗角正切略微增加。外施电场频率较低，由于电荷运动能够跟得上外场频率变化，能够形成电流通道，松弛极化能力增加，产生松弛极化损耗。

从图 11.10 中还可以发现，在高频区（$10^5 \sim 10^6$Hz），当 SPEEK 质量分数为 1%～5% 时，复合材料的介电损耗角正切是逐渐减小的，而质量分数为 7%～9% 时，低频段介电损耗改善的原因可能是 SPEEK 的引入成为抑制载流子运动的阻碍，材料的松弛极化过程较难发生，导致松弛损耗降低。随着 SPEEK 质量分数的增加，SPEEK/MBAE 复合材料的介电损耗角正切降低。

而 SPEEK 过量时，在 MBAE 基体中团聚形成大尺寸颗粒，发生搭接、桥联的概率就会增大，它们之间较容易产生导电网络，因产生隧道效应，载流子在其中传播时会提升漏导电流，导致电导过程中的消耗增加，颗粒之间的桥联和搭接使材料内部的界面损耗增加。介电损耗高是材料容易发生老化和使用可靠性低的主要原因，低介电损耗也是高耐热性和力学性能之外不可缺少的特性。

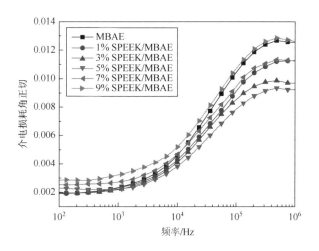

图 11.10　SPEEK/MBAE 复合材料的介电损耗角正切

11.2   GO/SPEEK/MBAE 复合材料

11.2.1   GO

1. FT-IR 分析

通过 FT-IR 研究石墨粉和 GO 改性前后的红外特征峰的变化,如图 11.11 所示。石墨粉的 FT-IR 图透射率很低,并且最高透射率与最低透射率相差很小,谱峰面积普遍较小,基本呈现出一条平滑的谱线,在 3420cm^{-1} 和 1630cm^{-1} 附近出现羟基和芳族 C＝C 振动带,含氧官能团较少。

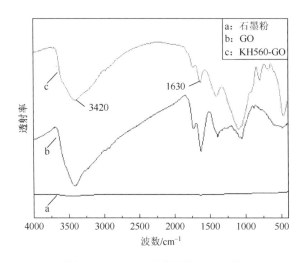

图 11.11   GO 改性前后的 FT-IR 图

从 GO 的 FT-IR 图中可以看出,在 3748cm^{-1} 附近为 GO 面上独立羟基(C—O—H)的伸缩振动峰,3700~3000cm^{-1} 的强宽峰为吸附水及与 GO 中含氧官能团形成氢键水的伸缩振动峰,1740cm^{-1} 为 C＝O 的伸缩振动峰,1623cm^{-1} 附近为水分子的弯曲振动峰,1401cm^{-1} 为 GO 中 C—O—H 的弯曲振动峰,1060cm^{-1} 附近的吸收带为 GO 中 C—OH 的伸缩振动带[134]。3122cm^{-1} 附近是由石墨的氧化所引起的,KMnO$_4$ 作为氧化剂使 GO 中键合更多亲水含氧官能团,并与水分子形成强的氢键。GO 中存在多种含氧官能团,含有羰基、羟基、羧基和环氧基,且 GO 氧化程度控制得较为合适,没有出现过度氧化的情况,为分子附着提供更多的结合位点。

硅烷偶联剂修饰后的 KH560-GO 的 FT-IR 图中,GO 的基本骨架结构没有发生根本性变化,1620cm^{-1} 附近 GO 的碳骨架特征峰强度增加,1384cm^{-1} 附近特征带出现了略微偏移，片层结构可能出现较小的变化。$1384\sim1044cm^{-1}$ 多个峰转变为一个峰，KH560 水解产生的硅羟基与羟基作用，使峰形产生一定变化，使羟基减弱或消失。KH560 所引入的环氧基引起 $1100cm^{-1}$ 附近特征峰明显增强，$1030cm^{-1}$ 附近特征峰被 $1100cm^{-1}$ 特征峰所掩盖或两个峰出现重叠，此处还存在 Si—O—Si 和 Si—O—C 伸缩振动带，$930cm^{-1}$ 附近非常弱的谱带归因于环氧基中 C—O 伸缩振动带，$796cm^{-1}$ 处是 KH560 中与 Si 相连的碳中 CH_2 面内摇摆振动峰[135]。在 KH560-GO 的 FT-IR 图中 KH560 相关基团特征峰的存在，可以说明 GO 功能化修饰有一定效果，基本达到预期目标。

2. XRD 分析

石墨粉和 GO 改性前后的 XRD 图如图 11.12 所示。

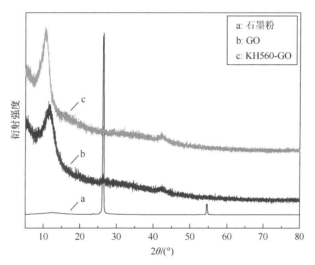

图 11.12　石墨粉及 GO 改性前后的 XRD 图

石墨粉在 $2\theta=26.48°$ 处显示非常尖锐的强峰，其对应于（002）晶面，根据布拉格方程 $2d\sin\theta=n\lambda$ 得到层间距离 d_{002} 为 0.337nm，此外在 $2\theta=54.69°$ 处的小峰对应石墨粉的（004）晶面[136]。GO 在约 11.61°处出现新的对应于（001）晶面衍射峰，其层间距离为 0.762nm，42.41°处的峰对应于（422）平面，石墨特征峰基本消失，石墨氧化反应后产生的键长和键角表面缺陷，附着在 GO 片层两侧的氧官能团和原始平坦的碳层凸起的原子尺寸粗糙度，以及水分子的嵌入，导致沿 c 轴方向的晶格尺寸有所增加，氧化程度的变化可导致结构和材料性质的显著变化。KH560 功能化修饰后的 KH560-GO 中（001）晶面衍射峰向小角度偏移了大约 1°，晶体单元结构发生微妙的变化，层间距离有所增加，环氧丙基成功接枝在 GO 表面或层间，有利于撑开片层结构并防止其再次堆叠聚集，与 FT-IR 分析基本一致。

3. SEM 和 TEM 分析

石墨粉的 SEM 图如图 11.13 所示。石墨粉中碳层堆叠明显，大量层状结构因垂直于碳层的 p 轨道形成作用力较强的大 π 键，结合得较为紧密。如果这种多层结构未经改性直接掺杂到树脂基体中，可能会出现大尺寸片层的较多团聚，对材料性能未必产生有益效果。

(a) 1000×　　　　　　　　　　　　　　(b) 10000×

图 11.13　石墨粉的 SEM 图

GO 和 KH560-GO 的 SEM 图如图 11.14 所示。从图 11.14（a）和（b）中可看出，GO 的表面呈片状且有一定程度的褶皱状态，这是 GO 的特征形貌，表面负载有相关粗糙的物质。氧缺陷导致碳杂化从 sp^2 变为 sp^3，从而阻止 π-π 相互作用，氧含量越高，薄片层之间的耦合越低，较小相互作用可能导致片层间分离，层数较少。图 11.14（c）和（d）显示出 KH560-GO 具有模糊的片层边缘，很薄且粘贴在硅片表面上，周围附着杂乱的物质，这可能是改性的结果。亲水基团可以将其他优异性能的材料与 GO 进行结合，从而赋予 GO 本身不具备的性能。在 GO 制备过程中，由于含氧官能团的引入，π-π 键断裂，进而导致 GO 不具备导电性能，

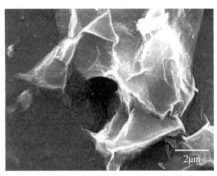

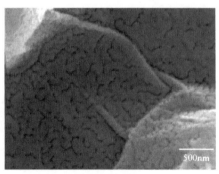

(a) GO(10000×)　　　　　　　　　　　　(b) GO(40000×)

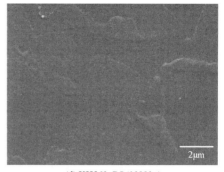

(c) KH560-GO(5000×)　　　　　　　　(d) KH560-GO(10000×)

图 11.14　GO 改性前后的 SEM 图

碳骨架结构遭到破坏，抑制 BMI 固化过程中产生的尺寸收缩，并且一定程度削弱 BMI 和 GO 与 SPEEK 热膨胀系数的不匹配产生的热残余应力，有利于制备多相复合材料以及复合材料性能的提升。

对改性前后 GO 的 TEM 表征，以进一步阐明 KH560 修饰 GO 的效果。图 11.15 和图 11.16 分别是 GO、KH560-GO 的 TEM 图。

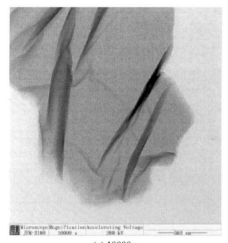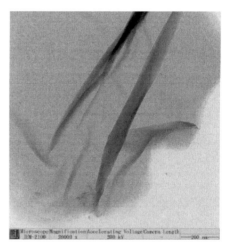

(a) 10000×　　　　　　　　　　　(b) 20000×

图 11.15　GO 的 TEM 图

GO 结构清晰，边缘明显，层数较少，存在褶皱形态。KH560-GO 边缘卷曲且连接其他形态的物质，结构复杂不规整。原因可能是 GO 结构中的极性基团与 KH560 中的环氧基团产生了相互作用而使得 GO 结构发生了变化，从这一点可以推测在 GO 层状结构中引入了新的分子链段。这种不规则的边缘形态更有利于 GO 很好地分散在 BMI 基体中，对两相或多相间的界面结合作用有积极效果。

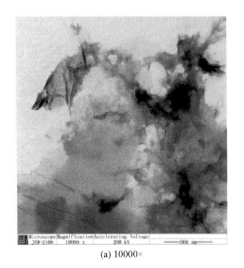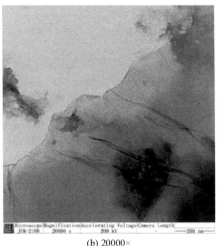

(a) 10000×　　　　　　　　　　　　　　　(b) 20000×

图 11.16　KH560-GO 的 TEM 图

11.2.2　SEM 分析

　　调控 GO 的质量分数，SPEEK 质量分数为 5% 的 GO/SPEEK/MBAE 复合材料的 SEM 图如图 11.17 所示。由图 11.17（d）～（g）可以看出，SPEEK 和 GO 很好地分散在 MBAE 基体中，呈现出类似鱼鳞状的多相结构，SPEEK 包覆在 GO 表面，或者 GO 嵌在 SPEEK 相中间，在半结晶 SPEEK 形态上引入了皱褶片层结构，在复合材料内部分离形成断面的过程中，SPEEK 所接触的基体两边结合力不同，因此结合力弱的一边与 SPEEK 分离，结合力强的一边连同 SPEEK 形成层状翘起物。细小的 GO 和 MBAE 基体之间形成了很多物理与化学交联点，随着质量分数的增加，物理与化学交联点增多，分子间作用力增大，改性 GO 的屏障效应致使其对复合材料的断裂有阻碍作用。这种机械咬合结构在一定程度上会导致裂纹扩展或分层的阻力成倍地增长，从而引发大量 SPEEK 的断裂，消耗更多的能量，提高复合材料的力学性能。

　　然而图 11.17（a）～（c）中质量分数较小的 GO 倾向于分散在基体中，达不到与质量分数 5% 的 SPEEK 紧密结合的程度。图 11.17（h）中 GO 质量分数较大，体系冲击断面表面也有大量的韧窝，但是同时出现非常多的较大的聚集体，而且材料表面出现了较多孔洞、碎屑，导致萌生更大的冲击破坏。

　　固化早期，聚合物链段有一定柔性，可以有效运动以调整构象形态，弥补空隙；固化后期，温度较高，链段运动困难而不能充分调整结构，便形成了复杂不均匀的断面形态。在材料断裂过程中，GO 团聚较多且严重时，聚集体就会从材料中脱落，从而形成孔洞，而且聚集体在基体中也会形成缺陷。

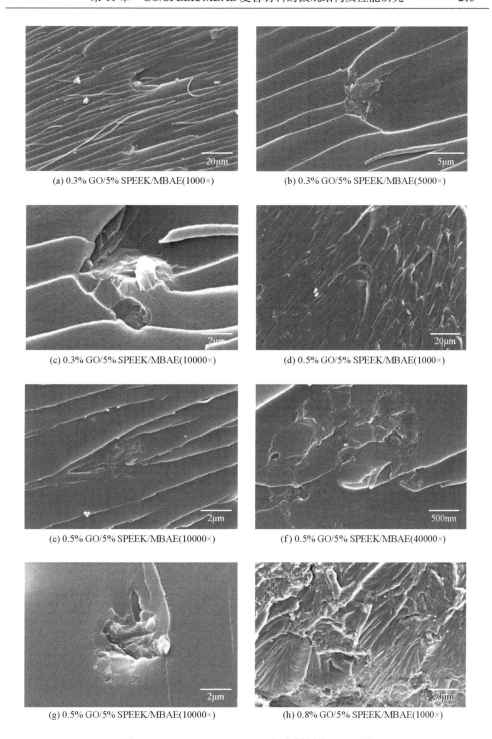

(a) 0.3% GO/5% SPEEK/MBAE(1000×)

(b) 0.3% GO/5% SPEEK/MBAE(5000×)

(c) 0.3% GO/5% SPEEK/MBAE(10000×)

(d) 0.5% GO/5% SPEEK/MBAE(1000×)

(e) 0.5% GO/5% SPEEK/MBAE(10000×)

(f) 0.5% GO/5% SPEEK/MBAE(40000×)

(g) 0.5% GO/5% SPEEK/MBAE(10000×)

(h) 0.8% GO/5% SPEEK/MBAE(1000×)

图 11.17　GO/SPEEK/MBAE 复合材料的 SEM 图

11.2.3　热失重分析

为方便后续表述，对不同质量分数 GO 的复合材料进行编号，成分含量和编号如表 11.1 所示。

GO/SPEEK/MBAE 复合材料的热失重曲线如图 11.18 所示。随着 GO 质量分数的逐渐增加，复合材料显示出更加出色的热稳定性，GO 和 SPEEK 质量分数分别为 0.5%和 5%时，GO/SPEEK/MBAE 复合材料的热分解温度最佳，达到 467℃，比 MBAE 基体提升了 26℃，比 SPEEK/MBAE 复合材料提升了 11℃。

表 11.1　复合材料的样品编号

样品编号	样品成分
A	BBA + BBE + BMI
G0	5% SPEEK + BBA + BBE + BMI
G1	0.1% GO + 5% SPEEK + BBA + BBE + BMI
G2	0.3% GO + 5% SPEEK + BBA + BBE + BMI
G3	0.5% GO + 5% SPEEK + BBA + BBE + BMI
G4	0.8% GO + 5% SPEEK + BBA + BBE + BMI

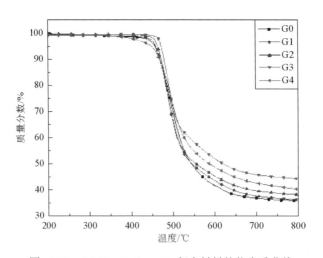

图 11.18　GO/SPEEK/MBAE 复合材料的热失重曲线

GO 的碳含量高，比同等质量的 SPEEK 和 BMI 能吸收更多的热量才受到破坏，可以承受非常高的温度。功能化 GO 片层均匀地剥离并分散在 MBAE 中，由于 GO 具有极大的宽高比及二维有序结构，对于热分解时分解产物的排除造成了"曲折"的路径，因此可以阻止分解产物挥发、逃逸，使复合材料的分解速率降低，从而提高复合材料的热稳定性。另外，GO 在 MBAE 中良好的分散性以及两相间强的相互作用也有助于复合材料热稳定性的提高。GO/SPEEK/MBAE 复合材料在最大热失重速率时的温度明显高于 MBAE 基体，对基体的分解具有阻碍趋势，表明 GO 也可以延缓基体的热分解过程。GO 片层外部包裹 BMI 和 SPEEK，KH560 收紧界面加强了 GO 与高分子链段的相互作用，当此结构被引入 MBAE 与 GO 片层之间的界面层中时，能够在微观上起到缩小基体基团旋转范围的作用，导致基体受热后的流动性变差，这对提高复合材料的热稳定性有一定的帮助。具有动能的声子很容易穿过 GO/SPEEK/MBAE 多相界面的屏障，能够形成有效的导热通道和网络，界面热阻很小。SPEEK 和 GO 中芳环密度较高，使掺杂 SPEEK 和 GO 的复合材料在 700℃下残重率有所提升。

过量 GO 也容易将空隙或缺陷引入 BMI 基复合材料中，GO 在基体中出现团聚，聚集体使 MBAE 基体产生缺陷，发生团聚的 GO 已成为主导，其片层上官能团分布不均匀，具有较高的热阻，复合材料的热分解温度从而降低。

11.2.4　力学性能

1. 抗弯强度

图 11.19 为 GO 的单独掺杂和 GO、SPEEK 的共同引入对复合材料抗弯强度的影响。GO 在一定程度上提升了 MBAE 基体的抗弯强度，但其改性效果并没有单独添加 SPEEK 效果明显，GO 质量分数为 0.5% 时，GO/MBAE 复合材料抗弯强度达到最大值，为 136.7MPa。GO 本身具有很大的比表面积、特有的层状结构以及良好的力学性能，而且 GO 经过硅烷偶联剂接枝以后，均匀分散在基体中，并

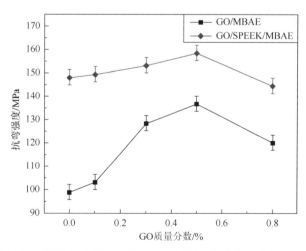

图 11.19　GO/MBAE 和 GO/SPEEK/MBAE 复合材料的抗弯强度

通过表面的官能团与 MBAE 反应形成较强的化学键作用，从而与 MBAE 之间的界面作用力增强，提高应力传递效率。

当 SPEEK 质量分数为 5%保持不变、逐渐增大 GO 质量分数时，GO/SPEEK/MBAE 复合材料的抗弯强度略微上升，GO 质量分数为 0.5%时，抗弯强度达到峰值，为 158.3MPa，与 MBAE 基体相比提升了 60.1%。GO 嵌入 SPEEK 相中，锁定长聚合物链，使分子链不容易发生滑移和断裂，减弱了在受到外力作用时大分子链段变形断裂的发生趋势，或者 SPEEK 包覆在 GO 表面，两者相容性较好，互相提供更好的保护作用。GO 具有优异的力学性能，而且 KH560-GO 表面接枝的官能基团可以使得 GO 纳米片层剥离，有效地抑制了 GO 片层之间的堆叠，从而提高其在基体中的分散状态，在材料受到外力作用的时候，分散状态良好的 GO 可以起到应力分散和承载作用，增加了复合材料的韧性和强度。由于 GO 表面的活性环氧基可以与 MBAE 中的基团直接反应，形象地说，KH560 可作为"桥梁"使 GO 和 MBAE 通过化学键连接起来，从而增强了两相间的相互作用力，防止任何潜在的结构损坏，在受到载荷时，有助于将应力直接从基体传递到 GO，使应力分布均匀，并稳定整个材料体系[137]。在 GO 片层中，C 与 C 间的连接是非常柔韧的，外力施加于 GO 表面时，GO 片层就会发生形变，这种形变使 C 不经过重新排列就能够轻松适应外力，有助于保持 GO 片层结构的稳定，从而有利于 GO/SPEEK/MBAE 复合材料抗弯强度的提高。GO 在树脂网络中引入了柔性的链段，同时较长的柔性链段的引入也会使交联点间的链节变大，进而对树脂起到增韧的效果。界面处 SPEEK 和 GO 可以使载荷在 MBAE 基体和分散相之间更有效地转移，界面黏合效果更好，这种相互作用对复合材料的弯曲性能具有积极影响。

2. 冲击强度

不同 GO 质量分数的 GO/MBAE 和 GO/SPEEK/MBAE 复合材料的冲击强度如图 11.20 所示。当 GO 质量分数为 0.5%时，GO/MBAE 复合材料的冲击强度达到极大值，为 14.8kJ/mm^2。GO 和 SPEEK 的共同掺杂，可以在一定程度上进一步提升复合材料的冲击强度，GO/SPEEK/MBAE 复合材料的冲击强度和抗弯强度均大于 GO/MBAE 复合材料，而且都与 GO 的质量分数有着密切的关系。GO 与 SPEEK 之间也存在最佳配比，使得复合材料的冲击强度和抗弯强度提升最为显著，5%的 SPEEK 和 0.5%的 GO 共同作用下，复合材料的冲击强度达到 17.2kJ/mm^2，与 MBAE 基体相比提升了 81.1%，改性效果明显。将 GO 添加到 MBAE 中后，分散在基体中的片层结构对基体起到骨架的作用，当材料受到外力时，基体将受到的外部载荷传递到 GO 片层上。因此 GO 对 MBAE 有着支撑作用，可达到对树脂增强增韧的效果。GO 对复合材料的冲击强度的改性效果取决于两个因素：一是纳米粒子在基体中的分散情况；二是纳米粒子与基体的界面结合效果。如果 GO 与基体有很强的界面结合力，在材料受到外力而产生银纹或细小的裂纹时，包含在其中的 GO 片层会阻止银纹的继续扩大而达到增韧效果。其平面结构的 C 原子经历了杂化结构的改变，表面上随机分布的含氧官能团可与基体之间形成良好的界面作用，使得 GO 和 SPEEK 适量的 GO/SPEEK/MBAE 复合材料的冲击强度明显提升。

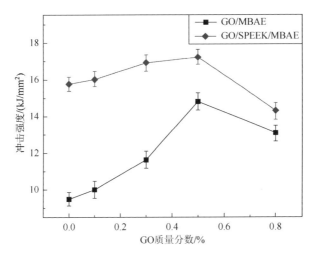

图 11.20　GO/MBAE 和 GO/SPEEK/MBAE 复合材料的冲击强度

　　然而，当 GO 质量分数大于 0.5%时，过量的 GO 可能会在基体中形成聚集体，这些大的聚集体在应力的作用下很容易被破坏，导致材料中的薄弱环节增多。同时由于聚集体体积较大，界面缺陷增多，与基体的界面结合力就会降低，故在 GO 质量分数大于 0.5%时，GO/SPEEK/MBAE 复合材料的冲击强度和抗弯强度随着 GO 质量分数的增加而下降。GO 在基体中发生团聚时，不仅不会起到骨架支撑的作用，还会在受外力时成为应力集中点，导致银纹的产生。GO 片层在基体中的分散性受到影响，局部形成团聚，界面作用变差，难以调整稳定的构象形态，弱化了复合材料的承载能力，导致复合材料的抗弯强度和冲击强度有所降低。

11.2.5　介电性能

1. 相对介电常数

　　SPEEK 质量分数为 5%、掺杂不同 GO 质量分数的 GO/SPEEK/MBAE 复合材料的相对介电常数如图 11.21 所示。添加 GO 之后，复合材料的相对介电常数对频率的依赖性增大，频率较高时（$10^4 \sim 10^7 Hz$），相对介电常数降低更加明显。GO 表面富含活性功能基团，它们可以与 MBAE 产生化学键合作用，提高 GO 片层与基体之间的界面结合强度，这些作用能有效地抑制聚合物链的运动以及极性基团的运动，有助于降低复合材料的相对介电常数。随着 GO 质量分数的增加，复合材料的相对介电常数降低更多。当 GO 质量分数为 0.3%时，GO/SPEEK/MBAE 复合材料拥有最低的相对介电常数，100Hz 下为 2.322；仅添加 SPEEK 的 SPEEK/MBAE 复合材料的相对介电常数为 2.415。GO 的表面分布着大量含氧官能团，随机分布在碳骨架表面的氧原子使碳原子由 sp^2 杂化转变为 sp^3 杂化。这一过程降低了共轭效应，并且对 π 电子起到了限制作用，GO 末端含有丰富的环氧基团，它们可以与 BMI 中的官能团发生化学反应，使得基体与 GO 之间具有很强的界面黏结作用，对于降低相对介电常数具有积极效果。

当 GO 质量分数为 0.5%时，复合材料的相对介电常数开始上升，过量的 GO 使得 GO 中的 π 共轭结构与 SPEEK 中苯环的 π 共轭体系形成强烈的 π-π 堆叠作用，这一作用将居主导地位，含氧官能团充当共轭屏障的抑制效果不足以抵挡较强的共轭效应。当 GO 过量时，较差的界面结合使得界面极化加剧，复合材料的相对介电常数会显著上升。

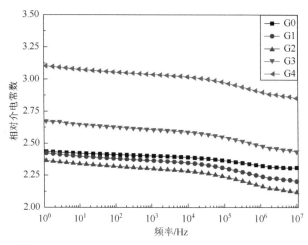

图 11.21　GO/SPEEK/MBAE 复合材料的相对介电常数

2. 介电损耗角正切

GO/SPEEK/MBAE 复合材料的介电损耗角正切曲线如图 11.22 所示。

GO/SPEEK/MBAE 复合材料的介电损耗角正切对频率的依赖性也比较明显。当 SPEEK 质量分数为 5%时，在高频率区域（$10^4 \sim 10^6$Hz），复合材料的介电损耗角正切在 GO 质量分数为 0.3%时最低，而后显著上升。介电损耗的产生主要是由于漏导电流而产生的漏导损耗以及极性基团运动所产生的内摩擦而引起的松弛损耗，通常情况下，漏导损耗非常小，因此松弛损耗起决定作用。对于 MBAE 体系来说，GO 与基体是以化学键形式结合的，使得极性基团不易运动。此外，

GO/SPEEK/ MBAE 较强的界面黏结作用使得链段的运动阻力增大，偶极子位移极化和转向极化困难，利于介电损耗降低。

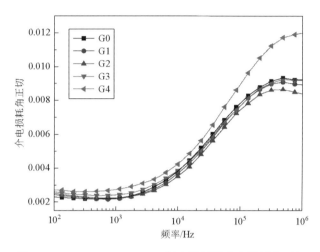

图 11.22　GO/SPEEK/MBAE 复合材料的介电损耗角正切

3. 体积电阻率

GO/SPEEK/MBAE 复合材料的体积电阻率如图 11.23 所示。SPEEK 质量分数为 5%的 SPEEK/MBAE 复合材料的体积电阻率为 $1.92×10^{16}\Omega·m$，与 MBAE 基体（ $9.88×10^{15}\Omega·m$ ）相比提高了近一倍；当 GO 质量分数为 0.3%时，GO/SPEEK/MBAE 复合材料的体积电阻率达到最大，为 $2.20×10^{16}\Omega·m$。GO 和 SPEEK 的掺杂会在界面中引入大量陷阱，当质量分数较低时，可动载流子会被界面中的陷阱捕获，导致载流子迁移率下降。由于其较均匀地分散在介质内部，载流子只需从外电场中获得较小的能量加速后，即能触碰纳米粒子，然后沿着界面往相邻的纳米粒子继续自由移动。界面层结构对载流子有一定的俘获能力，抑制了空穴在材料内部的移动，复合材料的体积电阻率最高[138, 139]。

当 GO 质量分数较大时，GO 片层与 SPEEK 或基体间存在的界面数量过多，而随着粒子质量分数的增大，相邻纳米粒子间的界面发生重叠，形成局部的导电通道和逾渗网络结构。一般情况下，相比于纳米粒子和基体，界面是高导电区，可动载流子容易沿着这些导电通道进行传输，大量的载流子从外电场中获得足够的能量后可以跃过势垒参与导电。同时过量的 GO 和 SPEEK 也会引入更多的杂质粒子参与导电，在外电场作用下，大量的载流子能够获得足够的能量，从而跃过势垒参与导电，载流子数目激增和迁移率增加，宏观上表现为体积电阻率的降低。

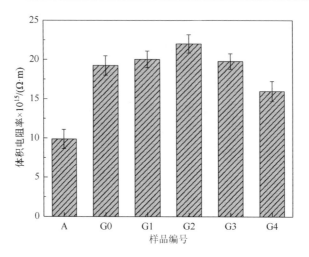

图 11.23　GO/SPEEK/MBAE 复合材料的体积电阻率

参 考 文 献

[1] 陈平，王德中. 环氧树脂及其应用[M]. 北京：化学工业出版社，2004：4-7.

[2] 秦传香，秦志忠. 环氧树脂胶粘剂的改性研究[J]. 中国胶黏剂，2005，14（4）：1-5.

[3] Naganuma T，Kagawa Y. Effect of particle size on light transmittance of glass particle dispersed epoxy matrix optical composites[J]. Acta Materialia，1999，47（17）：4321-4327.

[4] 陈宇飞，李世霞，白孟瑶，等. 二氧化硅改性环氧树脂胶粘剂性能研究[J]. 哈尔滨理工大学学报，2011，16（4）：21-25.

[5] 陈宇飞，郭红缘，李志超，等. 聚醚砜/双马来酰亚胺-环氧树脂复合材料的微观结构与性能[J]. 复合材料学报，2017，34（5）：939-944.

[6] 陈宇飞，岳春艳，李治国，等. 有机蒙脱土/聚氨酯弹性体复合材料的微观形貌及力学性能[J/OL]. 复合材料学报.（2019-03-15）[2019-06-04]. https://doi.org/10.13801/j.cnki.fhclxb.20190314.002.

[7] 马德柱. 高聚物的结构与性能[M]. 北京：科学出版社，1981：339-340.

[8] 赵明飞. 聚合物/无机纳米复合材料的制备与稳定性研究[D]. 兰州：兰州大学，2008：2-5.

[9] 陈宇飞，张旭，孙佳林，等. 二氧化钛改性环氧树脂胶粘剂的性能[J].江苏大学学报，2013，34（3）：335-339.

[10] Huang Y，Kinloeh A J. Modeling of the toughening mechanisms in rubber-modified epoxy polymers：1. Finite-element analysis studies[J]. Journal of Materials Science，1992，27（10）：2753-2762.

[11] Huang Y，Kinloeh A J. Modeling of the toughening mechanisms in rubber-modified epoxy polymers：2. A quantitative description of the microstructure fracture property relationships[J]. Journal of Materials Science，1992，27（10）：2763-2769.

[12] Kinlock A J，Shaws J，Todd A. Deformation and fracture behaviour of a rubber-toughened epoxy microstructure and fracture studies[J]. Polymer，1983，24（10）：1341-1354.

[13] Lewis T J. Interfaces are the dominant feature of dielectrics at the nanometric level[J]. IEEE Transactions on Dielectrics and Electrical Insulation，2004，11（5）：739-753.

[14] Sacher E. Dielectric properties of polyimide film. I. AC properties[J]. IEEE Transactions on Electrical Insulation，1978，13（2）：94-98.

[15] 陈宇飞，耿成宝，郭红缘，等. 功能化纳米 SiO_2-聚醚砜/BMI-酚醛环氧树脂复合材料的固化动力学与性能[J/OL]. 复合材料学报.（2018-11-09）[2019-06-04].https://doi.org/10.13801/j.cnki.fhclxb.20181108.004.

[16] 陈宇飞，王立平，边宗真. Nano-Al_2O_3掺杂酮酐型聚酰亚胺的微观结构及耐热性能研究[J]. 绝缘材料，2014，47（3）：22-29.

[17] Chen Y F，Yue W，Bian Z Z，et al. Preparation and properties of KH550-Al_2O_3/PI-EP

nanocomposite material[J]. Iranian Polymer Journal，2013，22（5）：377-383.

[18] 殷之文. 电介质物理学[M]. 2 版. 北京：科学出版社，2003：1-6.

[19] 倪尔瑚. 材料科学中的介电谱技术[M]. 北京：科学出版社，1999：84-89.

[20] Mayoux C，Martinez-Vega J J，Guastavino J，et al. Towards a better knowledge of insulating polymers under stress[J]. IEEE Transactions on Dielectrics & Electrical Insulation，2001，8（1）：58-71.

[21] Imai T，Hirano Y，Hirai H，et al. Preparation and properties of epoxy-organically modified layered silicate nanocomposites[C]//Conference Record of the IEEE International Symposium on Electrical Insulation. Boston：IEEE，2002：379-383.

[22] Xue Q. Effective dielectric constant of composite with interfacial shells[J]. Physica B Condensed Matter，2004，344（1）：129-132.

[23] 邱昌容，曹晓珑，徐阳. 电气绝缘测试技术[M]. 北京：机械工业出版社，2002：53-56.

[24] 徐曼，曹晓珑，俞秉莉. 纳米 SiO_2/环氧树脂复合体系性能研究-（Ⅰ）复合材料的制备及绝缘特性[J]. 高分子材料科学与工程，2005，21（1）：153-156.

[25] 巫松桢，金守永. 绝缘材料老化理论基础//电工绝缘手册编审委员会. 电工绝缘手册[M]. 北京：机械工业出版社，1990：1-159.

[26] 徐国财，马家举，邢宏龙，等. 原位分散紫外光固化 SiO_2 纳米复合材料的性质[J]. 应用化学，2000，17（4）：450-452.

[27] 欧玉春，杨峰，漆宗能. 在位分散聚合聚甲基丙烯酸甲酯/二氧化硅纳米复合材料研究[J]. 高分子学报，1997，1（2）：199-204.

[28] 李芳亮，陈宇飞，白孟瑶，等. 二氧化硅改性热固性聚酰亚胺介电性能研究[J]. 绝缘材料，2009，42（5）：41-44.

[29] 王明海，余英丰，李善君. 聚醚砜改性环氧体系的聚合诱导相分离行为[J]. 中国科学 B 辑，2006，36（5）：411-418.

[30] Gan W，Zhan G，Wang M，et al. Rheological behaviors and structural transitions in a polyethersulfone-modified epoxy system during phase separation[J]. Colloid & Polymer Science，2007，285（15）：1727-1731.

[31] 黄锐，张忠义，王文. 聚醚砜的溶解特性[J]. 工程塑料应用，1999（3）：16-19.

[32] 何本桥. 胶粘剂技术标准与规范[M]. 北京：化学工业出版社，2004：70-71.

[33] 刘俊. 聚醚砜改性环氧树脂的研究[D]. 武汉：武汉大学，2005：27-29.

[34] 焦剑. 高聚物结构、性能与测试[M]. 北京：化学工业出版社，2003：441-443.

[35] 杨立平. 聚砜增韧环氧树脂固化反应动力学的研究[D]. 北京：北京化工大学，2007：33-35.

[36] 何平笙. 高聚物的结构与性能[M]. 北京：科学出版社，1999：245-249.

[37] Chen Y F，Wang B T，Li F L. Micro-structure，mechanical properties and dielectric properties of bisphenol a allyl compound-bismaleimide modified by super-critical silica and polyethersulfone composite[J]. Journal of Electronic Materials，2017，46（7）：4656-4661.

[38] Chung S，Yi M，Kim H，et al. Evaluation for micro scale structures fabricated using epoxy-aluminum particle composite and its application[J]. Journal of Materials Processing Technology，2005，160（2）：168-173.

[39] 杨鹏. 环氧树脂-二氧化硅纳米复合材料的制备与性能研究[D]. 上海：复旦大学，2008：25-26.

[40] 周洪青，李仰平. 高频下纳米二氧化硅/环氧树脂复合材料的介电特性研究[J]. 绝缘材料，2004（3）：20-22.

[41] 沈晓梅，刘华武，刘长雷. 玄武岩纤维的发展与应用[J]. 山东纺织纤维，2007（3）：48-51.

[42] 霍冀川，雷永林，王海滨，等. 玄武岩纤维的制备及其复合材料的研究进展[J]. 材料导报，2006，5（20）：382-385.

[43] Xin S B，Liang X P，Liu H W，et al. Wear properties of basalt fibers reinforced composites[J]. Engineering Materials，2008，368：1010-1012.

[44] 陈宇飞，孙佳林，王立平，等. 玄武岩纤维环氧树脂团状模塑料的研制[J]. 绝缘材料，2013，46（6）：8-10.

[45] 何曼君，陈维孝. 高分子物理[M]. 上海：复旦大学出版社，2006：372-375.

[46] 王立平，孙佳林，吴作宇，等. 玄武岩纤维团状模塑料的性能研究[J]. 绝缘材料，2014，47（2）：45-51.

[47] 陈惠玲，余萍，肖定全. 嵌入式电容器用钛酸钡/环氧复合材料性能的研究[J]. 功能材料，2008，2（39）：213-215.

[48] 姜蕾蕾. 纳米二氧化钛/环氧树脂基复合材料的制备及性能研究[D]. 沈阳：沈阳航空航天大学，2012：14-50.

[49] 宋军，汪丽，黄福堂. 环氧树脂/蒙脱土纳米复合材料的制备和性能[J]. 热固性树脂，2005，20（4）：14-16.

[50] 尹荔松，周歧发，唐新桂，等. 纳米 TiO_2 粉晶的 XRD 研究[J]. 功能材料，1999，30（5）：198-511.

[51] 龙震，黄喜明，钟家柽，等. 纳米金红石型二氧化钛的低温制备及表征[J]. 功能材料，2004，3（35）：311-313.

[52] 徐惠，孙涛. 硅烷偶联剂对纳米 TiO_2 表面改性的研究[J]. 涂料工业，2008，38（4）：1-3.

[53] 陈宇飞，李连明，袁广雪，等. 纳米二氧化钛表面化学改性及表征[J]. 哈尔滨师范大学自然科学学报，2011，27（4）：71-73.

[54] Chen Y F，Li Z C，Tan J Y，et al. Characteristics and properties of TiO_2/EP-PU composite[J]. Journal of Nanomaterials，2015，98（4）：1-7.

[55] 陆绍荣. 环氧树脂/二氧化硅-二氧化钛纳米杂化材料的制备及其性能研究[D]. 湘潭：湘潭大学，2005：20-114.

[56] Zhang C H，Zhang J B，Qu M C，et al. Toughness properties of basalt/carbon fiber hybrid composites[J]. Advanced Materials Research，2011，150：732-735.

[57] Kim M T，Kim M H，Rhee K Y. Study on an oxygen plasma treatment of a basalt fiber and its effect on the interlaminar fracture property of basalt/epoxy woven composites[J]. Composites：Part B，2011（42）：499-504.

[58] Kandol A，Baljinder K. Studies on the effect of different levels of toughener and flame retardants on thermal stability of epoxy resin[J]. Degradation and Stability，2010，95（2）：144-152.

[59] Huonnic N，Abdelqhani M，Metiny P. Deposition and characterization of flame-sprayed aluminum on cured glass and basalt fiber-reinforced epoxy tubes[J]. Surface & Coatings Technology，2010，205（3）：867-873.

[60]　Wu C C，Hsu L C . Preparation of epoxy/silica and epoxy/titania hybrid resists via a sol-gel process for nanoimprint lithography[J]. Journal of Physical Chemistry C，2010，114（5）：2179-2183.

[61]　Zhan G，Hu S. The study on poly（ether sulfone）modified cyanate ester resin and epoxy resin cocuring blends[J]. Journal of Applied Polymer Science，2009，113（1）：60-70.

[62]　Trabia M B，O'toole B J，Thota J，et al. Finite element modeling of a lightweight composite blast containment vessel[J]. Journal of Pressure Vessel Technology，Transactions of the ASME，2008，130（1）：0112051-0112057.

[63]　吴培熙，张留城. 聚合物共混改性[M]. 北京：中国轻工业出版社，1996：132-136.

[64]　李明晶，李静，李晓俊. 纳米 TiO_2 对复合固化环氧树脂胶粘剂的改性研究[J]. 化工新型材料，2009，37（11）：117-119.

[65]　陈宇飞，郭红缘，楚洪月，等. OMMT/PES/BMI 复合材料的介电性能[J]. 电工技术学报，2018，33（11）：2620-2625.

[66]　陈江华，朱翠玲. 硅烷偶联剂对纳米 Al_2O_3 改性的研究[J]. 广东化工，2011，38（220）：253-255.

[67]　程军，毕曙光，陈雷，等. 聚氨酯改性环氧树脂的研究[J]. 热固性树脂，2009，24（3）：25-28.

[68]　陈宇飞，郭艳宏，戴亚杰. 聚合物基复合材料[M]. 北京：化学工业出版社，2010：296-297.

[69]　陈宇飞，孙影，李连明，等. Nano-SiO_2/PU 胶粘剂的制备及性能研究[J]. 广东化工，2012，39（6）：21-22.

[70]　章坚. 聚酰亚胺/二氧化硅复合材料的制备与介电性能研究[D]. 杭州：浙江大学，2005：35-38.

[71]　吴晗瑄. 环氧树脂的改性研究[D]. 武汉：华中师范大学，2011：16-48.

[72]　曹万荣，符开斌，狄宁宇，等. 无机纳米粒子增韧改性环氧树脂的研究进展[J]. 绝缘材料，2009，42（6）：31-35.

[73]　贾庆明，王亚明，蒋丽红，等. 环氧树脂/聚氨酯互穿网络纳米复合材料的热降解动力学[J]. 高分子材料科学与工程，2009，25（10）：46-48.

[74]　Chen Y F，Dai Q W，Lin C W，et al. Characteristics and properties of SiO_2-Al_2O_3/EP-PU composite[J]. Journal of Central South University，2014，21（11）：4076-4083.

[75]　吴万尧. 有机硅改性环氧树脂耐热性的研究[D]. 厦门：厦门大学，2009：37-39.

[76]　张金柱. 无机纳米粒子在塑料高性能化改性中的应用研究[D]. 南京：南京理工大学，2002：88-90.

[77]　Johnsen B B，Kinloch A J，Mohammed R D，et al. Toughening mechanisms of nanoparticle-modified epoxy polymers[J]. Polymer，2007，48（2），530-541.

[78]　Cheng Q，Bao J，Park J G，et al. High mechanical performance composite conductor: multi-walled carbon nanotube sheet/bismaleimide nanocomposites[J]. Advanced Functional Materials，2009，19（20）：3219-3225.

[79]　陈宇飞，郭红缘，耿成宝，等. 聚醚醚酮和烯丙基化合物改性双马来酰亚胺复合材料微观结构及力学性能[J]. 复合材料学报，2018，35（11）：3081-3087.

[80]　宁志强，徐晓沐. 双马来酰亚胺树脂的增韧改性研究[J]. 化学与黏合，2007，29（5）：345-346.

[81] 苏震宇，邱启. 改性双马来酰亚胺树脂的固化特性[J]. 纤维复合材料，2005（3）：24-27.

[82] 赵静，李玲. 双马来酰亚胺树脂的增韧研究进展[J]. 中国胶黏剂，2009，18（12）：48-51.

[83] Akay M，Sprattl G R，Meenan B. The effects of long-term exposure to high temperatures on the ILSS and impact performance of carbon fibre reinforced bismaleimide[J]. Composites Science and Technology，2003，63（7）：1053-1059.

[84] 梁国正，顾媛娟，马晓燕，等. 碳纤维增强双马来酰亚胺树脂基复合材料及其制备方法：中国，CN1978518[P]. 2007-06-13.

[85] 袁莉，马晓燕，贾巧英，等. 晶须改性二苯甲烷型双马来酰亚胺树脂体系复合材料的研究[J]. 化工新型材料，2003，31（11）：34-36.

[86] Xian X J，Choy C L. Fatigue fracture behaviour of carbon-fiber-reinforced modified bismaleimide composites[J]. Composites Science and Technology，1994，52（1）：93-98.

[87] 秦涛，张佐光，张复盛，等. 炭纤维增强双马来酰亚胺树脂基复合材料电子束固化的初步研究[J]. 新型炭材料，2000，15（2）：68-70.

[88] 贾志刚. 三维编织纤维增强双马来酰亚胺复合材料的力学性能研究[D]. 天津：天津大学，2005：14-35.

[89] Ali A A M，Ahmad Z. The effect of curing conditions and ageing on the thermo-mechanical properties of polyimide and polyimide-silica hybrids[J]. Journal of Materials Science，2007，42（19）：8363-8369.

[90] Zhang Y，Yu L，Su Q，et al. Fluorinated polyimide–silica films with low permittivity and low dielectric loss[J]. Journal of Materials Science，2012，47（4）：1958-1963.

[91] 罗甜. 二烯丙基双酚A改性双马来酰亚胺耐高温胶粘剂研究[D]. 武汉：武汉理工大学，2010：20-50.

[92] 杨春香，高明亮. 纳米氧化铝的制备及应用进展[J]. 山东工业技术，2018（13）：23.

[93] 何恩广，刘庆峰. 纳米界面性能在电介质科学中的应用[J]. 绝缘材料通讯，2000（4）：34-37.

[94] 陆宝琪. 交流变频电击的绝缘[J]. 绝缘材料，2001（3）：29-34.

[95] Selvaganapathi A，Alagar M，Gnanasundaram P. Studies on synthesis and characterization of hydroxyl-terminated polydimethylsiloxane-modified epoxy bismaleimide matrices[J]. High Performance Polymers，2013，25（6）：622-633.

[96] 陈宇飞，柴铭茁，邢浩，等. KH-SiO$_2$/PES/MBMI-EP复合材料的制备与性能[J]. 化学与黏合，2019，41（1）：33-36，45.

[97] 朱为宏，杨雪艳，李晶. 有机波谱及性能分析法[M]. 北京：化学工业出版社，2007：202-213.

[98] Dominguez-Espinosa G，Halamus T，Wojciechowski P，et al. Dielectric investigations of organic-inorganic hybrid based on（2-hydroxypropyl）cellulose with nanosheet crystallites of quasi-TiO$_2$[J]. Journal of Non-Crystalline Solids，2011，357（3）：986-991.

[99] 孙家越，肖昂，杜海燕，等. 溶胶-发泡法制备超细氧化铝[J]. 精细化工，2004，4（21）：257-261.

[100] 梁金招，卢江荣，郭勇全，等. N，N′-间苯基双马来酰亚胺对四丙氟橡胶热稳定性的影响[J]. 橡胶科技，2014（6）：16-19.

[101] Manfredi L B，Santis D E，Vázquez H A. Influence of the addition of montmorillonite to the

matrix of unidirectional glass fibre/epoxy composites on their mechanical and water absorption properties[J]. Composites Part A：Applied Science and Manufacturing，2008，39（11）：1726-1731.

[102] 李洪峰，王德志，赵立伟，等. 聚酰胺酰亚胺对 BMI/DP 共聚树脂的增韧研究[J]. 中国胶黏剂，2013（7）：5-8.

[103] 喻淼，樊振，柳准，等. 烯丙基甲酚醚/双马来酰亚胺/二烯丙基双酚 A 共混体的热稳定性研究[J]. 高分子通报，2013（5）：9-14.

[104] 刘金刚，沈登雄，杨士勇. 国外耐高温聚合物基复合材料基体树脂研究与应用进展[J]. 宇航材料工艺，2013（4）：8-13.

[105] 何先成，包建文，李晔，等. 烯丙基酚醛改性双马来酰亚胺树脂的制备与性能[J]. 热固性树脂，2013（3）：11-16.

[106] Yan H，Li P，Ning R，et al. Tribological properties of bismaleimide composites with surface-modified SiO$_2$ nanoparticles[J]. Journal of Applied Polymer Science，2008，110（3）：1375-1381.

[107] 单伟. 高性能低介电损耗树脂的研究[D]. 苏州：苏州大学，2013：20-43.

[108] 刘晓军. 耐高温高比表面积活性氧化铝的制备与性能研究[D]. 沈阳：东北大学，2009.

[109] 李鸿岩，刘宁，费明，等. 双马来酰亚胺改性环氧/二氨基二苯甲烷固化体系的性能研究[J]. 绝缘材料，2012（6）：20-43.

[110] Chen X，Ye J. Multi-functional ladderlike polysiloxane：Synthesis，characterization and its high performance flame retarding bismaleimide resins with simultaneously improved thermal resistance，dimensional stability and dielectric properties[J]. Journal of Materials Chemistry A，2014，2（20）：7491-7501.

[111] Tsukahara T，Harada M，Tomiyasu H，et al. NMR studies on effects of temperature，pressure，and fluorination on structures and dynamics of alcohols in liquid and supercritical states[J]. Journal of Physical Chemistry A，2008，112（40）：9657-9664.

[112] Jena R K，Yue C Y，Sk M M，et al. A novel high performance bismaleimide/diallyl bisphenol A（BMI/DBA）–epoxy interpenetrating network resin for rigid riser application[J]. Rsc Advances，2015，5（97）：79888-79897.

[113] Takeichi T，Uchida S，Inoue Y，et al. Preparation and properties of polymer alloys consisting of high-molecular-weight benzoxazine and bismaleimide[J]. High Performance Polymers，2013，26（3）：265-273.

[114] 田付强，杨春，何丽娟，等. 聚合物/无机纳米复合电介质介电性能及其机理最新研究进展[J]. 电工技术学报，2011，26（3）：1-12.

[115] Shah K S，Jain R C，Shrinet V，et al. High density polyethylene（HDPE）clay nanocomposite for dielectric applications[J]. IEEE Transactions on Dielectrics and Electrical Insulation，2009，16（3）：853-861.

[116] 陈宇飞，武耘仲，郭红缘，等. 功能化石墨烯改性双马来酰亚胺复合材料的微观表征及性能[J]. 化工学报，2018，69（10）：4456-4463.

[117] Heer W A D，Berger C，Wu X，et al. Epitaxial graphene[J]. Solid State Communications，2007，143（1）：92-100.

[118] 陈宇飞，耿成宝，楚洪月，等. 蒙脱土/聚醚砜-双马来酰亚胺复合材料微观形貌及性能[J]. 化工学报，2018，69（S1）：148-154.

[119] Rustam H，Gafure E，İbrahim E K，et al. Changes on montmorillonite characteristics through modification[J]. Applied Clay Science，2016，127-128：105-110.

[120] Jefferson L，Paulo D，Ana M. A comparative study of different routes for the modification of montmorillonite with ammonium and phosphonium salts[J]. Applied Clay Science，2016，132-133：475-484.

[121] Jin T Z，Zheng J Y，Chang Z，et al. Mechanical properties of PLA/PBS foamed composites reinforced by organophilic montmorillonite[J]. Journal of Applied Polymer Science，2014，131（18）：9319-9326.

[122] Xi Y F，Ding Z，He H，et al. Structure of organoclays—An X-ray diffraction and thermogravimetric analysis study[J]. Journal of Colloid and Interface Science，2004，277：116-120.

[123] 张晓亮. 蒙脱土/聚合物纳米复合材料的制备及性能研究[D]. 合肥：安徽大学，2013.

[124] 陈宇飞，谭珺琰，张清宇，等. SCE-SiO$_2$/PES-MBAE 复合材料微观形貌及性能[J]. 复合材料学报，2016，33（9）：1956-1963.

[125] 郭宁. 蒙脱土/环氧树脂纳米复合材料结构形态与介电性能机理研究[D]. 哈尔滨：哈尔滨理工大学，2014.

[126] Pagidi A，Thuyavan Y L，Arthanareeswaran G，et al. Polymeric membrane modification using SPEEK and bentonite for ultrafiltration of dairy wastewater[J]. Journal of Applied Polymer Science，2015，132（21）：41651.

[127] Lv J F，Liu Y Y，Qin Y，et al. The preparation of SPEEK/phosphate salts membranes and application for CO$_2$/CH$_4$ separation[J]. Journal of Applied Polymer Science，2016，133（19）：43399.

[128] 董慧民，喻彪，闫丽，等. 双马来酰亚胺/聚醚砜复相树脂固化中相形貌与化学流变性能[J]. 航空材料学报，2018，38（6）：64-70.

[129] Sun S J，Guo M C，Yi X S，et al. Preparation and characterization of a naphthalene-modified poly（aryl ether ketone）and its phase separation morphology with bismaleimide resin[J]. Polymer Bulletin，2017，74（5）：1519-1533.

[130] 党婧，刘婷婷. SiC 颗粒-SiC 晶须混杂填料/双马来酰亚胺树脂导热复合材料的制备与性能[J]. 复合材料学报，2017，34（2）：263-269.

[131] 张兴迪，刘刚，党国栋，等. 含磷聚芳醚酮颗粒层间增韧碳纤维/双马树脂 RTM 复合材料[J]. 高分子学报，2016（9）：1254-1262.

[132] Babkin A V，Erdni-Goryaev E M，Solopchenko A V，et al. Mechanical and thermal properties of modified bismaleimide matrices toughened by polyetherimides and polyimide[J]. Polymers for Advanced Technologies，2016，27（6）：774-780.

[133] Mao H，You Y，Tong L F，et al. Dielectric properties of diblock copolymers containing a polyarylene ether nitrile block and a polyarylene ether ketone block[J]. Journal of Materials Science-Materials in Electronics，2018，29（4）：3127-3134.

[134] Keshavarz M，Ahmady A Z，Vaccaro L，et al. Non-covalent supported of l-proline on graphene

oxide/Fe$_3$O$_4$ nanocomposite: A novel, highly efficient and superparamagnetically separable catalyst for the synthesis of bis-pyrazole derivatives[J]. Molecules, 2018, 23 (2): 1-16, 330.

[135] 王芦芳, 李金焕, 刘彬, 等. KH560 功能化氧化石墨烯/光敏性不饱和聚酯树脂复合材料的制备与性能[J]. 复合材料学报, 2018, 35 (1): 1-7.

[136] Tang C, Yan H X, Li S, et al. Novel phosphorus-containing polyhedral oligomeric silsesquioxane functionalized graphene oxide: Preparation and its performance on the mechanical and flame-retardant properties of bismaleimide composite [J]. Journal of Polymer Research, 2017, 24 (10): 1-12, 157.

[137] Pathak A K, Kumar V, Sharma S, et al. Improved thermomechanical and electrical properties of reduced graphene oxide reinforced polyaniline-dodecylbenzenesulfonic acid/divinylbenzene nanocomposites[J]. Journal of Colloid and Interface Science, 2019, 533 (1): 548-560.

[138] 田浩, 李继承, 郝留成, 等. 直流电压下环氧绝缘材料电气性能对电荷积聚的影响[J]. 电网技术, 2015, 39 (5): 1463-1468.

[139] Pegorin F, Pingkarawat K, Mouritz A P, et al. Electrical-based delamination crack monitoring in composites using z-pins[J]. Journal of Colloid and Interface Science, 2018, 104 (1): 120-128.